儿童无添加零食

木棉 著

北京科学技术出版社

图书在版编目（CIP）数据

儿童无添加零食 / 木棉著． —北京：北京科学技术出版社，2021.9
ISBN 978-7-5714-1634-8

Ⅰ．①儿… Ⅱ．①木… Ⅲ．①儿童食品—食谱 Ⅳ．① TS972.162

中国版本图书馆 CIP 数据核字 (2021) 第 122684 号

策划编辑：宋　晶
责任编辑：樊川燕
图文制作：天露霖文化
责任印刷：张　良
出 版 人：曾庆宇
出版发行：北京科学技术出版社
社　　址：北京西直门南大街 16 号
邮政编码：100035
电话传真：0086-10-66135495（总编室）
　　　　　0086-10-66113227（发行部）
网　　址：www.bkydw.cn
印　　刷：北京宝隆世纪印刷有限公司
开　　本：720 mm × 1000 mm　1/16
印　　张：10.75
版　　次：2021 年 9 月第 1 版
印　　次：2021 年 9 月第 1 次印刷
ISBN 978-7-5714-1634-8

定　价：49.80 元

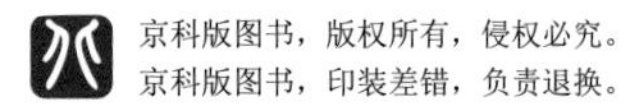

卷首语

美好“食光”你我共度

From author

有人曾这样说过：“没有零食的童年是不完整的。”对此我深有感触。我与零食结缘，始于八岁那年看过的一部小说——《射雕英雄传》。书中黄蓉初遇郭靖时，曾点过几款果子蜜饯：“咸酸要砌香樱桃和姜丝梅儿……蜜饯吗？就是玫瑰金橘、香药葡萄、糖霜桃条、梨肉好郎君。”这一串诱人的名字即使隔着纸张，仍对年幼的我产生了极大的诱惑，书中的蜜饯仿佛跃然纸上，令我心驰神往。那种充满憧憬的感觉，即使在多少年后的今天依旧恍如昨日。

时光一晃，就到了 2009 年的仲夏。因为贪恋一碗双皮奶萦绕于舌尖的芬芳，我在网上注册了博客，从此展开了奇妙而甜蜜的美食 DIY 之旅。起初，我也曾失败和气馁过，但一路上爱人总会牵着我的手，鼓励我前行。那年他在读博士二年级，研究任务非常繁重，可即便如此，他依然会挤出时间陪我一起查找美食视频，用心帮我分析失败的原因，还会和我一起讨论如何用相机拍出效果更好的图片。他让我明白，只要肯多花一点儿时间，再多一点儿耐心，成功便会与你不期而遇。

在所有的美食里，我最喜欢做的是各种各样的小零食：儿时爸妈常给我买的果丹皮和大白兔奶糖，姥姥姥爷带着我一起去路边摊加工的鸡蛋卷和爆米花……这些童年的味道里夹裹着亲人浓浓的爱，给我留下了太深的记忆。那种通过回忆与摸索，亲手去制作记忆中美味的感觉，让我乐此不疲。这些零食用料简单，工序也不复杂，关键是自己动手制作，避免了添加剂的掺入，使它们在好吃的基础上，又增添了一层健康的保障。这也是我在美食探寻之旅中最大的感悟：用心、用爱去制作最简单、最健康的食物，就是对家人最好的回馈。

美食与人生，本就息息相关。无论是制作美食，还是做人做事，都不要惧怕失败，因为我们可以从中汲取更多更有用的经验。同时，切忌贪图捷径，因为它会让你的心迷失方向。坚守住自己最初的信念，秉持一颗恒心为之努力，终会收获最美好的人生体验。

我将自己在美食探寻之旅中所学、所知、所感、所悟的点点滴滴尽数写入了这本书。但愿这些可爱的零食能像打动我一样，也能打动你。更期待在未来的某一天，我们可以在这片无比奇妙的美食天空下相遇！

木棉

http://blog.sina.com.cn/yinhezhihou

目录

Chapter 1 坚果炒货

Chapter 2 肉类海味

Chapter 3 果干蜜饯

Chapter 4 点心糖果

Chapter 1
坚果炒货

挂霜花生

原料

生花生米 250 克、玉米淀粉 55 克、水 120 克、细砂糖 140 克

做法

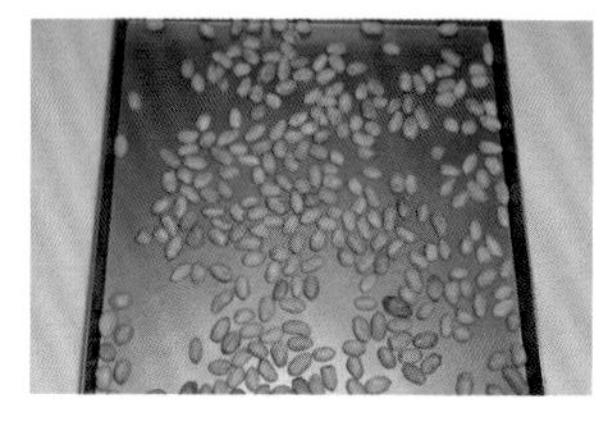

01
花生平铺于烤盘中，放到没有预热的烤箱的中层，上下火 125℃，烤约 40 分钟后取出备用。

02
玉米淀粉用微波炉中高火加热 2 分钟。

03
将水和细砂糖倒入锅中，中小火加热。

04
用木铲朝一个方向不停搅拌，细砂糖会全部溶化，糖浆中会冒出密集的小泡。

05
继续加热，当糖浆变得黏稠且锅中不断冒出较大的白泡泡时，转小火。

06
此时立即倒入烤熟的花生，用木铲快速拌匀。

07
用筛子将加热过的玉米淀粉快速筛入锅中，关火。

08
用木铲将淀粉与花生快速翻拌均匀。

09
拌匀后花生会粘在一起，待稍凉一些时用手掰开即可。

① 花生的红衣有补血的作用，建议不要剥去。
② 玉米淀粉要加热后再使用，否则会有生涩的味道。
③ 如果熬制糖浆的手法不娴熟，可以全程用小火。注意，不要把糖浆熬成金黄色，否则晾凉后的糖衣就不是白色的了，而是透明的琥珀色，口感也会受影响。
④ 花生凉透后表面的糖浆会变成白色的糖霜，口感也会变得又香又脆。吃不完的要放入保鲜袋密封储存。

怪味花生

原料

熟花生米 150 克、细砂糖 70 克、水 60 克、盐 1/4 小勺、花椒粉 2 小勺、辣椒粉 1 小勺、孜然粉 1/8 小勺、熟玉米淀粉 20 克

做法

01 将细砂糖和水倒入锅中，中小火加热，用木铲朝一个方向不停地搅拌，以防煳底。

02 待糖浆逐渐变得黏稠、冒出许多泡泡且颜色微黄时，转小火。火力过大会把糖浆熬煳。

03 将盐、花椒粉、辣椒粉和孜然粉倒入锅中，用木铲朝一个方向快速搅拌，让它们和糖浆完全融合。注意，要全部倒入锅中后再搅拌，不要倒一种就搅拌一次。

04 倒入熟花生米和熟玉米淀粉。

05 快速翻拌至花生米完全裹上糖浆混合物，立即关火。

06 刚做好的怪味豆是粘在一起的，晾至不烫手后，掰开即可。等凉透再食用，这样更香酥。

自制 辣椒粉

原料

二荆条辣椒 50 克、菜籽油 1/2 小勺

做法

1. 将辣椒剪成小段，把辣椒籽放入一个小碗中备用（①）。

2. 将辣椒段和菜籽油一起倒入炒锅，开中小火不停翻炒（②），待锅身变热后转小火继续翻炒，炒至能闻到明显的香味且辣椒段变轻变脆时关火（③）。将辣椒段盛出，全程用时 8~9 分钟。

3. 将辣椒籽放入锅中，不加油，开小火不停翻炒（④），炒至辣椒籽香脆变色即可关火盛出。

4. 将炒好的辣椒籽和辣椒段一起倒入研钵（⑤），捣碎（⑥）。

木棉笔记

1. 二荆条辣椒味道香浓且辣味不重，是制作辣椒粉的理想选择。也可以用其他辣椒制作，但香味会逊色很多。若喜欢更辣一些的，可以将 1/2 的二荆条辣椒换成小米椒。
2. 因为辣椒籽量少且薄，容易炒煳，所以要和辣椒段分开炒。
3. 辣椒段和辣椒籽炒好后都要立即盛出，否则锅身的余温会使其变煳。
4. 若想要辣椒粉质地细腻，可以将炒好的辣椒籽和辣椒段放入料理机的干磨杯中，打磨成细粉。
5. 若没有菜籽油，可以用其他植物油替代。

秘制麻辣花生

原料

主料：生花生米 250 克

煮料：小米椒 10 克、大红袍花椒 10 克、八角 1 个、香叶 2 片、小茴香 1 克、盐 7 克、水 600 克

炒料：植物油 25 克、麻椒 9 克、二荆条辣椒 10 克、糖 6 克、干辣椒段 10 克、盐 1/4 小勺、高度白酒 1/8 小勺

做法

01

花生洗净，放入温水浸泡至红衣微皱后，将红衣剥去，花生掰开备用。

02

将煮料全部倒入锅中，中火煮开后转小火，继续煮 10 分钟后关火。

03

倒入花生，拌匀后浸泡 60 分钟。

04

将花生捞出沥干，装入保鲜袋，放入冰箱冷冻室冷冻一夜。次日取出，室温解冻。

05

锅中倒油，将解冻的花生凉油下锅。

06

小火炸至微黄时，用漏勺捞出掂一下，如果花生与勺子碰撞时能发出清脆的响声，说明已经炸好了，此时要立即捞出。

07

另起一锅，倒入除高度白酒以外的其他炒料，小火翻炒片刻后倒入炸好的花生，小火不停地翻炒。

08

花生变成金黄色且能闻到明显的辣椒和麻椒的香味时，倒入高度白酒，拌匀后关火盛出。待放凉后即可食用。

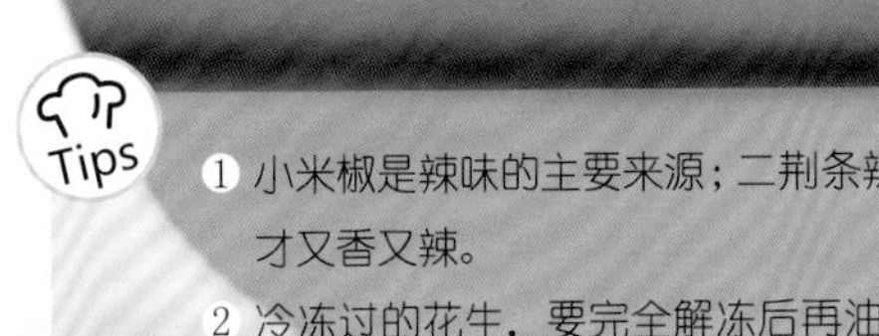

① 小米椒是辣味的主要来源；二荆条辣椒非常香，是香味的主要来源，两者搭配炒出的花生才又香又辣。

② 冷冻过的花生，要完全解冻后再油炸，否则口感不酥脆。花生炸至颜色微黄即可，因为还要炒一下，油炸时若炸至金黄色，后面容易炒煳。

③ 若喜欢更辣一些的，可以用小米椒代替炒料中的干辣椒段。

④ 快炒好时倒入白酒，可以让花生保持香脆。

⑤ 可以一次多煮些花生，浸泡后分成小袋放入冰箱冷冻室储存，使用时取出解冻即可。但冷冻时间不宜过长，建议不要超过 20 天。

⑥ 刚炒好的花生麻辣味不明显，待凉透后放入保鲜袋中放置一晚，第二天食用口感最佳。

五香葵花子

原料

主料：生葵花子250克

煮料：盐10克、鸡精4克、八角5克、桂皮5克、甘草4克、小茴香3克、丁香3颗

炒料：粗盐500克

做法

01

将葵花子洗净，和煮料一起放入锅中。

02

锅中倒水，要没过葵花子，盖上锅盖。中火煮开后转小火，煮至剩少许汤汁时关火。

03

将煮好的葵花子捞出沥干后平铺在烤盘上，打开电风扇吹至表面干燥。

04

锅中倒入粗盐和吹干的葵花子，中小火不停地翻炒，使葵花子均匀受热。

05

待葵花子表面形成薄薄的一层盐霜时转小火，继续翻炒，待葵花子变得微黄后，取几粒晾凉后尝一下，若口感香脆，即可关火。

06

用漏勺将葵花子盛出，晾凉后即可食用。

① 葵花子和粗盐的比例是 1∶2。
② 炒葵花子用普通的铁锅就行，如使用不粘锅，翻炒时易刮伤涂层。
③ 将葵花子煮过再炒，吃了不容易上火，但口感不如直接炒出来的酥脆。煮过的葵花子需要将表面吹干后再炒，否则其表面的黑皮在炒的过程中容易脱落。
④ 葵花子洗净晾干，不煮直接放入粗盐中翻炒至发黄变干，做成的就是原味葵花子。
⑤ 吃不完的要放入保鲜盒密封储存，以防受潮。
⑥ 粗盐晾凉后放入保鲜袋密封储存，以后炒葵花子时还可以使用。
⑦ 粗盐在这里用作导热的媒介，由于葵花子内还有水分残留，在翻炒过程中表面会形成一层薄薄的盐霜。

琥珀核桃仁

原料

生核桃仁 105 克、糖 55 克、盐 2 克、植物油 400 克（另备 1/8 小勺）、小苏打 1/8 小勺、熟白芝麻 1 小勺

做法

01

核桃仁用热水浸泡 10 分钟，剥皮备用。

02

将去皮的核桃仁、1 克盐和 1/8 小勺小苏打放入锅中，加清水没过核桃仁，开小火煮 3 分钟后，捞出沥干。

03

核桃仁放入另一口锅中，加清水没过核桃仁，加入 1 克盐、1/8 小勺油和 55 克糖，中火加热并不断地搅拌。

04

糖完全溶化后继续加热，待锅中冒出密集的泡泡时，转小火继续加热。

05

不停翻拌，至水分熬干、核桃仁均匀地裹上黏稠的糖液后关火，捞出备用。

06

将炒锅洗净擦干，倒入约 400 克植物油，核桃仁凉油下锅。

07

中小火加热，随着油温上升，核桃仁会慢慢被炸酥。

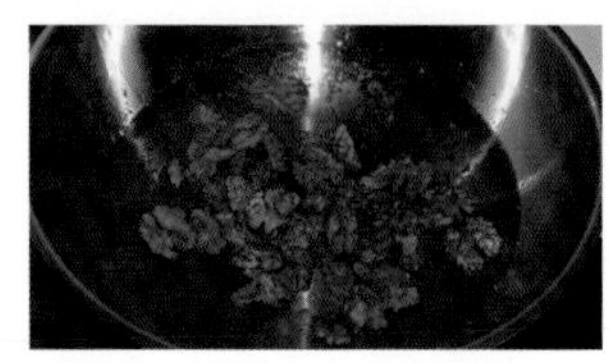

08

待核桃仁呈琥珀色时，用滤网捞出，轻轻掂一下，若能发出清脆的响声，即可关火。

09

沥干油后将核桃仁倒入盘中，撒上熟白芝麻拌匀即可。

Tips

① 做甜食时加点儿盐可使成品口感清甜不腻，但量不要太多，否则会过咸。

② 小苏打能去掉核桃仁表面的一部分油脂，使其更香脆、更易入味。

③ 熬糖液时要仔细观察，要不时搅拌以防煳底。

④ 最后炸核桃仁时一定要凉油下锅，中小火慢慢将其炸透，这样口感才会香酥。火太大容易出现表面炸煳了而里面还没有炸熟的情况。

五香蚕豆

原料

干蚕豆 250 克、盐 5 克、糖 2 克、八角 3 克、桂皮 5 克

做法

01 将干蚕豆洗净倒入碗中，加水没过蚕豆。

02 浸泡至蚕豆完全吸干水分后，在碗上盖上一块拧干的湿笼布。要将笼布洗净拧干保证不会滴水后，再盖到蚕豆上。不能用保鲜膜代替笼布，因为保鲜膜不透气。

03 每隔 12 小时，将蚕豆取出用水淘洗一遍，沥干后再放入碗中，盖上笼布，至蚕豆生芽。

04 将盐、糖、八角和桂皮放入锅中，放入出芽的蚕豆，加水没过蚕豆约 1 厘米。蚕豆本身有一股豆腥味，一定要加点儿桂皮煮出来才好吃。

05 中火煮开后转小火，每隔 10 分钟晃一下锅，使蚕豆充分入味。

06 汤汁熬干后关火，需 40~45 分钟。

蜂蜜黄油巴旦木

原料

黄油 15 克、蜂蜜 2 小勺、自制糖粉 4 大勺、盐 1 小撮、熟巴旦木 150 克

做法

01 将黄油、蜂蜜、盐和 2 大勺自制糖粉一起倒入不粘锅中，中火加热并不停地搅拌，否则容易煳底。因为分量比较少，最好用不粘锅制作，这样一则不会造成糖浆的浪费，二则做出的巴旦木外形也更光滑美观。

02 加热至以上原料全部熔化、锅中冒出密集的泡泡时，转小火，继续加热并不停地搅拌，熬成糖浆。呈琥珀色时，糖浆就熬好了。

03 糖浆熬好后，立即倒入巴旦木，快速翻拌均匀，让糖浆均匀地裹在巴旦木上，趁热用筷子将巴旦木迅速拨开。让相邻的巴旦木保持一定的距离，以防粘连。

04 待晾至不烫手时，将巴旦木放入盛有糖粉的小碗中，均匀裹上一层糖粉即可。

多味烤腰果

原料

A：生腰果 140 克、黄油 1 小勺
B：迷迭香 1/4 小勺、蒜 1 瓣、盐 4.5 克、蜂蜜 10 克、橄榄油 1/4 小勺、黑胡椒粉 0.2 克

做法

01
生腰果用水冲去浮土后，放在厨房纸上晾干备用。

02
在长柄汤勺中放入黄油，中小火加热至黄油完全熔化。

03
将原料 B 和熔化的黄油一起倒入碗中，拌匀。

04
放入腰果，拌匀，尽量让所有腰果都裹上碗中的蜂蜜香料。

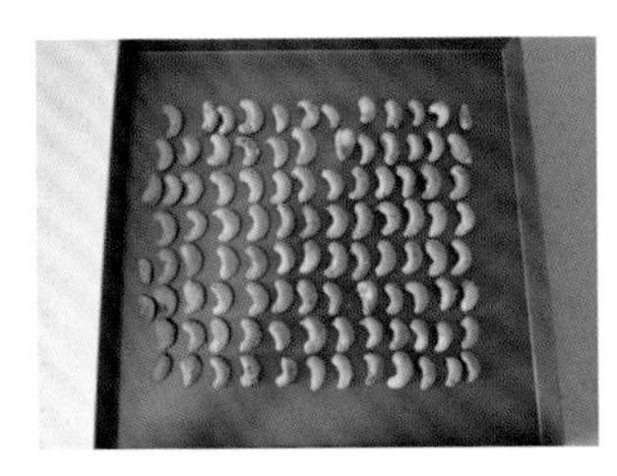

05
用筷子将腰果一粒一粒夹入烤盘，中间留一定的空隙。

06
放入预热至 160℃的烤箱中层，上下火烘烤约 18 分钟后取出翻面，再烤 2~4 分钟。

① 腰果脂肪含量高，表面又裹了蜂蜜，容易烤煳，需要随时观察，看到腰果底部上色即可取出翻面。如发现上色过深，可以用锡纸盖住。烤至腰果两面上色、能闻到香气即可取出。
② 烤熟的腰果要等晾凉后口感才会酥脆，如果口感不够酥脆，说明火候不够，可放入烤箱再烤 3~5 分钟。晾凉后的腰果要及时放入密封袋中密封储存，以免受潮影响口感。

黑糖碧根果

原料

熟碧根果仁 100 克、黄油 10 克、水饴 1/4 小勺、黑糖粉 1½ 大勺

做法

01
将黄油、水饴和黑糖粉倒入不粘锅中，中火加热并不停地搅拌，以防煳底。

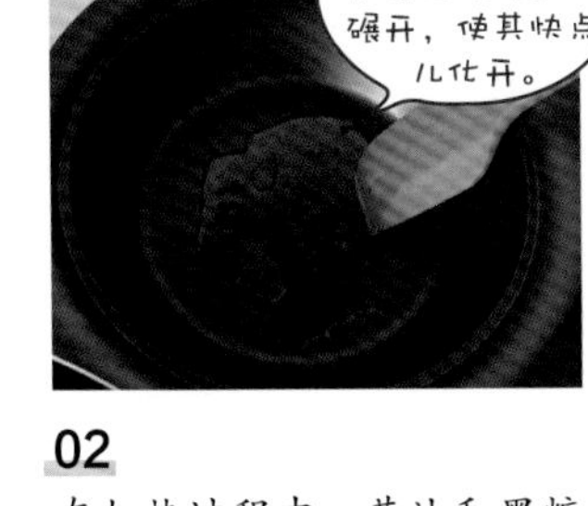

02
在加热过程中，黄油和黑糖粉会逐渐化开。

03
加热至以上原料全部化开，锅中冒出密集的泡泡时，转小火，继续加热并搅拌。

04
糖浆熬好之后，立即倒入熟碧根果仁。

05
用耐高温硅胶刮刀快速翻拌均匀后关火，要让糖浆均匀地裹在每颗碧根果仁上。

06
趁热用筷子将碧根果仁迅速拨开，待晾凉后即可食用。

Tips

1. 因为原料分量比较少，最好使用不粘锅，一则不会造成糖浆的浪费，二则做出的碧根果也更光滑美观。
2. 检验糖浆是否熬煮好的方法：第 03 步转小火继续熬煮一会儿之后，取一根筷子，用筷子蘸取少许糖浆放入冷水中，取出后如果糖浆是脆硬的，继续快速搅拌 10 秒，糖浆就熬好了。
3. 黑糖块比较硬，要事先用料理机的干磨杯研磨成粉状，或用擀面杖捣碎后再使用。也可以使用红糖粉或白糖粉替代黑糖粉，做出的就是红糖碧根果或白糖碧根果。

蒜香青豆

原料

主料：干青豆 150 克

调料：大蒜粉、盐、鸡粉、辣椒粉、黑胡椒粉各 1 小撮

做法

01

干青豆洗净倒入碗中，加温水，要没过青豆，浸泡至没有硬芯后捞出沥干。

02

将青豆平铺放入保鲜袋，放入冰箱冷冻室冷冻至少一夜，次日取出，放在室温下解冻备用。

03

锅中倒适量玉米油，将完全解冻的青豆凉油下锅。

04

小火炸至青豆颜色微黄时，用漏勺捞出掂一下，如果青豆和勺子碰撞时能发出清脆的响声，说明已经炸好了，立即捞出。

05

放在厨房纸上吸油，然后撒上拌匀的调料即可。

1 青豆可用黄豆、鹰嘴豆等替代。
2 青豆泡透剥去外皮炸了之后，口感会更好。
3 经过冷冻和解冻的过程，炸出的青豆口感会更酥。

坚果能量棒

原料

燕麦片 100 克、核桃仁 50 克、熟巴旦木 50 克、熟南瓜子仁 50 克、熟腰果 50 克、熟黑芝麻 25 克、黑加仑葡萄干 25 克、蔓越莓干 25 克、黄油 50 克、自制糖粉 40 克、蜂蜜 2 大勺

做法

01

将燕麦片和核桃仁平铺在烤盘中，放入预热好的烤箱的中层，上下火 160℃，烤约 10 分钟后取出。

02

将除燕麦片和黑芝麻外的坚果和果干全部用刀切成小块，放入大碗中，拌匀备用。

03

将黄油、糖粉和蜂蜜放入小锅，小火加热至黄油和糖粉完全化开。

04

将糖浆、燕麦片和核桃仁倒入步骤 02 的大碗中，拌匀。

05

倒入铺有烘焙纸的方形模具中，用刮刀抹平。

06

铺上烘焙纸，按平整，放入预热好的烤箱的中层，上下火 160℃，烘烤 35~40 分钟，取出晾至不烫手后即可切分。

1. 用料理机将细砂糖或冰糖块打成粉末，制成的就是自制糖粉。本书中所有用到糖粉的配方，均用的是自制糖粉，不要用市售糖粉替代，因为市售糖粉中含有淀粉。
2. 糖粉的用量不宜减少太多，否则切能量棒的时候容易酥裂。

Chapter 2
肉类海味

黄金鱿鱼圈

原料

主料：鱿鱼身 180 克
腌料：黄酒 20 克
裹料：玉米淀粉 60 克、鸡蛋 2 个、面包糠 60 克

做法

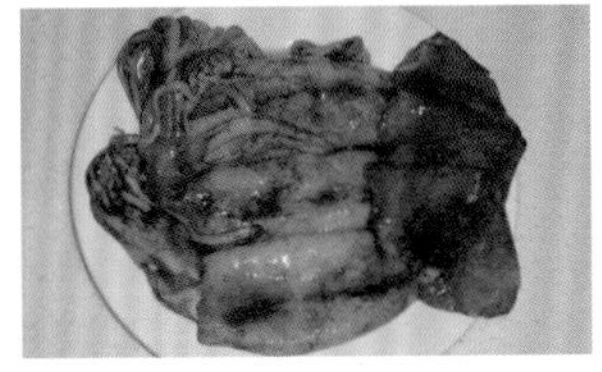

01
鱿鱼洗净，用力拽出头和内脏并将细长的透明软骨取出来。

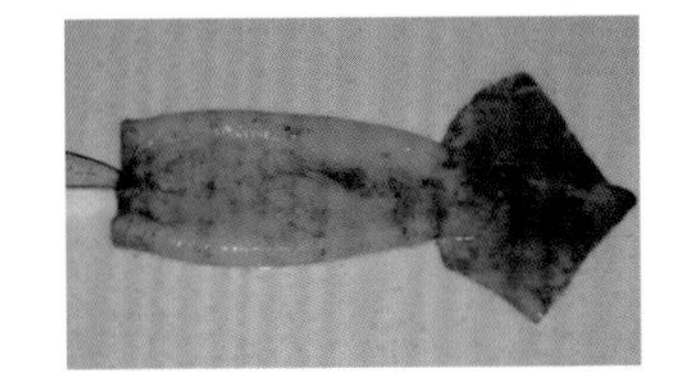

02
将鱿鱼身横放在案板上，用刀沿着鱿鱼身中部从左至右轻划一刀。

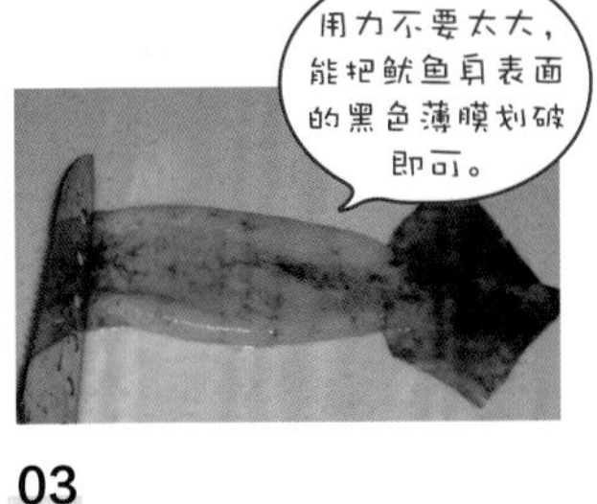

03
在鱿鱼头部一侧轻轻划一刀，把鱿鱼身表面的黑色薄膜划破。

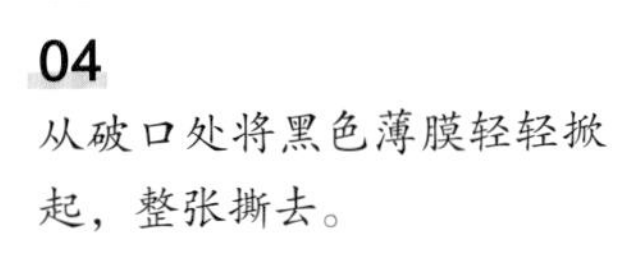

04
从破口处将黑色薄膜轻轻掀起，整张撕去。

05
鱿鱼切成 0.6 厘米厚的圈，加入黄酒拌匀，腌 10 分钟。

06
腌好的鱿鱼圈先裹薄薄的一层玉米淀粉。

07
蘸上打散的蛋液，再均匀地裹上一层面包糠。

08
锅中倒入足量植物油，烧至六成热时放入鱿鱼圈，小火炸至呈金黄色后，捞出沥油。

香辣牛肉干

原料

主料: 瘦牛肉 500 克

调料 A: 葱段 15 克、姜片 10 克、桂皮 5 克、八角 4 克、香叶 4 片、生抽 15 克、老抽 8 克、蚝油 2 克

调料 B: 生抽 10 克、细砂糖 6 克、鸡精 2 克

调料 C: 辣椒粉 2 克、熟白芝麻 2 克、花椒粉 1 小撮

其他: 水 600 克、盐少许

做法

01
将牛肉洗净，切成长约 6 厘米、宽约 1.5 厘米的长条，放入锅中，加水没过牛肉。

02
大火煮开后转中火。慢慢地水面上会浮起一层血沫。

03
将血沫撇干净。

04
将焯好的牛肉条捞出，加入调料 A 和约 600 克水。

05
放入电压力锅，选择蹄筋模式，将牛肉条高压煮熟。

06
将煮好的牛肉条和锅中的汤汁一起倒入炒锅，加入少量盐拌匀后开大火将汤汁收干。

07
另取一口平底锅，放入少量油烧至温热，放入牛肉条，煸炒至表面微微发干，再倒入调料 B。

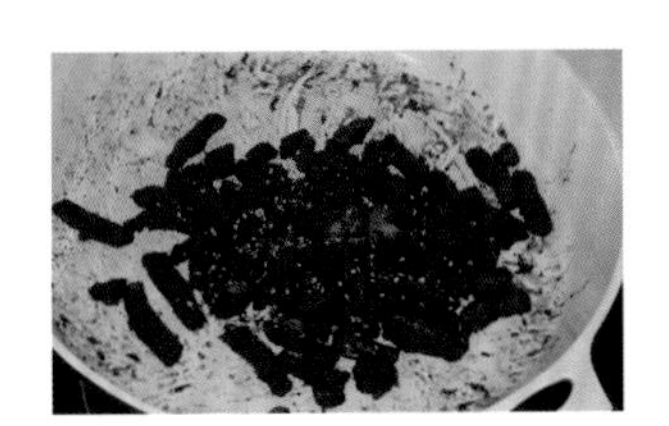

08
不停翻炒至液体收干，加入调料 C，拌匀后盛出即可。

Tips

1. 建议将调料提前准备好，以节约制作时间。
2. 牛肉条煮了之后会收缩，所以不宜切得太小。
3. 用电压力锅煮东西不会蒸发太多水分，水无须加太多。
4. 盐和生抽的用量可以根据个人口味酌情增减。
5. 刚做好的牛肉干偏软，建议晾一晚再食用，口感更佳。

泰式柠檬猪肉脯

原料

主料： 瘦猪肉馅 250 克

调料 A： 细砂糖 48 克、鱼露 10 克、鸡精 1 小勺、辣椒粉 1/2 小勺、盐 1/2 小勺、黑胡椒粉少许

调料 B： 柠檬皮屑 5 克、柠檬汁 10 克

做法

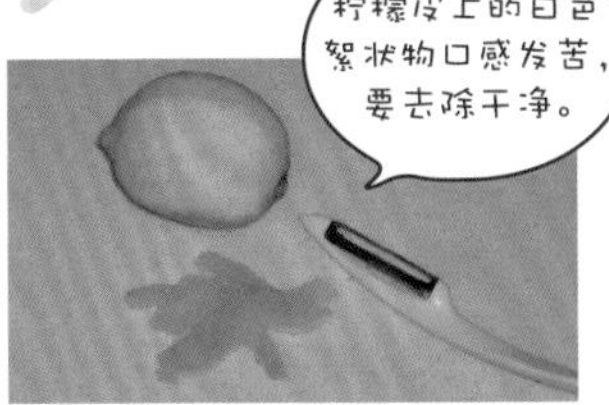

01

用盐搓去柠檬皮上的果蜡，洗净后用削皮刀削下黄色表皮并剁成碎屑。柠檬肉挤出柠檬汁备用。

02

将瘦猪肉馅剁成细腻的肉泥，和调料A一起放入碗中。

03

用筷子朝一个方向不停地搅拌，至肉泥上劲儿后加入调料B拌匀。

04

取1/4的猪肉泥（约75克），放入保鲜袋，用擀面杖擀成厚约0.2厘米的方形薄片。

05

将擀好的薄片放入冰箱冷冻1小时后取出，用刀划开保鲜袋。

06

取出放在铺有锡纸的烤盘上，放入预热好的烤箱的中层，上下火180℃，烘烤约10分钟。

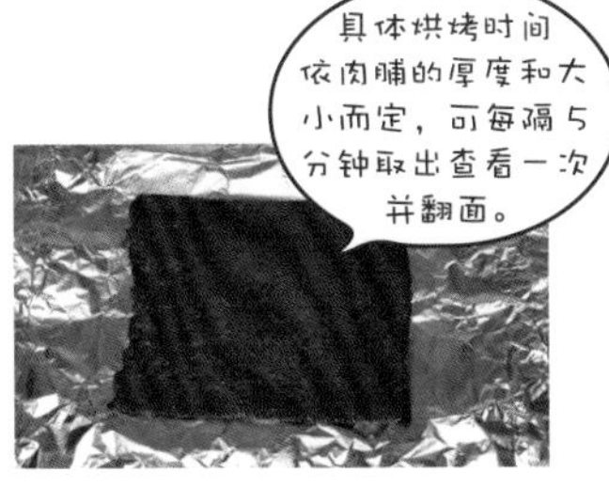

07

待一面定形后，将烤盘取出，给肉脯翻面，继续烤至两面微焦、四边微微翘起时取出。

08

薄薄地刷一层蜂蜜并切块。

Tips

1. 制作肉脯最好使用瘦肉馅，也可稍带一点儿肥肉，但不宜太多，因为肥肉在烤的过程中会化成油，使肉脯缩小。
2. 肉馅要剁成细腻的肉泥，太粗糙会影响成品的口感。
3. 如没有烤箱，也可以用平底不粘锅将肉脯煎至两面熟透。

海苔芝麻肉松

原料

主料：瘦猪肉 300 克

调料 A：细砂糖 36 克、酱油 18 克、鸡精 6 克、盐 3 克、五香粉 1 克、辣椒粉 1 克、花椒粉 1 小撮、黄酒 1/4 小勺

调料 B：植物油 2 小勺、海苔碎 1 大勺、熟白芝麻 1 小勺

做法

01

瘦猪肉洗净，用刀将肉上的筋膜剔除干净后，切成长条，放入电压力锅，加水（要没过猪肉条），煮熟。

02

将煮好的猪肉条和锅中的肉汤一起倒入炒锅，加入调料 A，中火翻炒。

03

汤汁完全收干后关火盛出。

04

待肉条稍凉后，用手撕成肉丝，再用擀面杖捣散。

05

将捣好的肉松放入炒锅，加入 2 小勺植物油，小火翻炒。

06

炒至肉松干燥松散、颜色均匀并发出沙沙的声音时，加入海苔碎和熟白芝麻，拌匀盛出即可。

1. 制作肉松要使用瘦肉，最好用猪腿上的瘦肉。
2. 要想炒出松软可口的肉松，必须把握两大关键：一是肉煮得越烂越好；二是要用擀面杖将撕好的肉丝捣成细腻的绒状，这样肉松才会足够松散。

自制五香粉

原料

A：桂皮 60 克、八角 30 克、干姜 8 克
B：花椒26克、小茴香12克、陈皮9克

做法

1. 将原料 A 全部掰碎放入锅中（①），小火不停地翻炒，至桂皮颜色变深、能闻到明显香味时关火盛出。
2. 将原料 B 放入锅中（②），小火不停地翻炒，至花椒颜色变深、能闻到花椒香味时关火盛出。
3. 将炒好的原料 A 和 B（③）拌匀，放入料理机的干磨杯中（④），拧上刀头（⑤），安装在料理机上拧紧，高速打成粉状（⑥）。
4. 将打好的五香粉倒入面粉筛中过筛（⑦），将筛出的细腻粉末放入盘子。
5. 将残留在面粉筛上的粗大颗粒再次放入干磨杯中打磨，然后放入面粉筛中再筛一次，将筛出的细腻粉末和上一步骤中筛出的放在一起拌匀即可（⑧）。

木棉笔记

翻炒原料 A 所需的时间要比原料 B 的长，因此要分开炒。

五香鸭肫

原料

主料：鸭肫 500 克

焯水用料：葱段 15 克、姜片 10 克、花椒 20 粒

五香卤水

A：紫洋葱碎 5 克、玉米油 10 克、蒜瓣 5 克、红辣椒 2 个、姜片 5 克

B：五香粉 5 克、细砂糖 18 克、盐 10 克、酱油 25 克、蚝油 25 克、水 500 克

做法

01 将鸭肫洗净放入锅中，加水没过鸭肫，放入焯水用料。

02 大火煮开后转中火，慢慢地水面上会浮起一层血沫，撇净后将鸭肫捞出洗净。

03 炒锅中倒入 10 克玉米油，放入 A 中的紫洋葱、蒜、姜和辣椒，小火煸炒出香味后关火晾凉。

04 将五香卤水中的原料 B 和步骤 03 中煸香后的原料，一起倒入锅中，拌匀后煮沸。

05 加入步骤 02 中焯过水的鸭肫，盖上盖子，煮沸后转小火，继续煮 20~25 分钟，关火，浸泡 24~36 小时至入味即可。

沙茶猪肉纸

原料

主料：瘦猪肉馅 150 克

调料：糖粉 20 克、蜂蜜 10 克、黄豆酱油 12 克、盐 1.5 克、鸡精 1 克、沙茶酱 9 克、熟白芝麻 1~2 小勺、肉桂粉 0.15 克

做法

01

瘦猪肉馅剁成细腻的肉泥，和调料一起放入碗中。

02

用筷子朝一个方向搅拌至上劲儿。

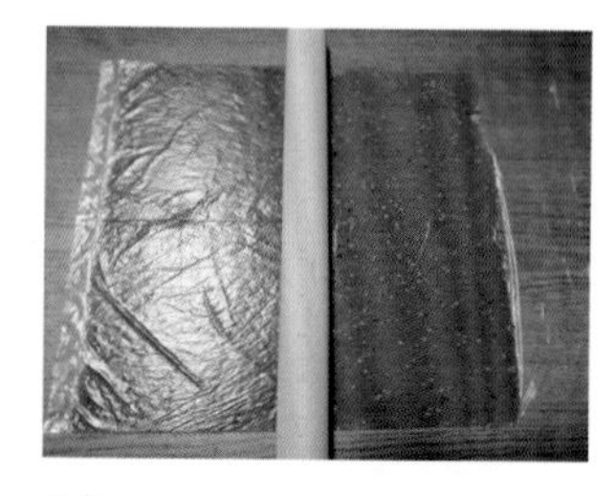

03

取约 1/4 的猪肉泥，放入中号保鲜袋中，用擀面杖擀成薄如纸张的方形薄片。

04

将擀好的肉片放入冰箱冷冻 1 小时后取出，用剪刀剪开保鲜袋，将肉片放在铺有锡纸的烤盘上。

05

放入预热好的烤箱的中层，上下火 180℃，烘烤 10~12 分钟。待一面定形后，将烤盘取出，给肉片翻面。

06

当烤至两面微焦、四边翘起的状态时取出，剪成自己喜欢的大小即可。

Tips

① 此配方液体用量较少，糖粉可以更快地溶化拌匀。搅拌肉馅时若觉得过干而难以搅拌，可加入少许酒或蜂蜜。

② 1/4 小勺肉桂粉 =0.6 克，1/16 小勺肉桂粉 =0.15 克。

③ 制作时的其他注意事项请参考“泰式柠檬猪肉脯”。

鸡米花

原料

主料：去皮鸡胸肉 250 克
腌肉汁：洋葱 50 克、姜 7 克、蒜 18 克、水 28 克
调料：盐 1/2 小勺、糖 1/2 小勺、白胡椒粉 1/2 小勺
裹料：玉米淀粉 3 大勺、鸡蛋 1 个、面包糠 3 大勺

做法

01
将洋葱、姜和蒜切碎后倒入碗中，加水，用料理棒打成糊状。倒入滤网，过滤出的汁液就是腌肉汁。

02
鸡胸肉洗净，切成 2 厘米见方的鸡肉块，放入碗中。

03
加入腌肉汁和调料，用手抓匀，腌 30 分钟。

04
在腌好的鸡块上先裹上薄薄的一层玉米淀粉。

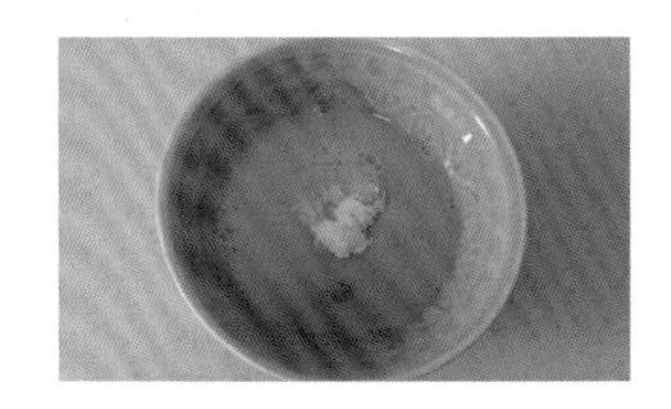

05
蘸一层打散的蛋液。

06
均匀地裹上一层面包糠。

07
锅中倒油，烧至六成热时放入鸡块，小火炸至浮起并呈金黄色后捞出。

08
将鸡米花放在厨房纸上吸去多余的油分。

1. 鸡块表面裹有面包糠，很容易炸煳，所以油温不宜过高。
2. 使用去皮鸡胸肉是因为鸡皮在炸的过程中容易变硬，会影响鸡米花的口感。
3. 炸东西时判断油温的方法：取一根筷子伸入油锅，若筷子头处陆续浮起微小的气泡，表明油五成热；若筷子头处立即有密集的气泡浮起，表明油六成热；若筷子四周马上密集地冒出气泡，且油面有少许青烟，表明油七成热；若筷子四周立即产生大量气泡，且油面有大量青烟，表明油八成热。本书中所有涉及油温辨别的地方都适用此方法。

鱼肉玉米肠

原料

主料：草鱼肉 125 克、肥猪肉 6 克、脱皮水果玉米粒 10 克
调料 A：盐 2 克、姜汁 1 克、鸡精 1 克、糖 1 克、白胡椒粉 1 小撮
调料 B：水淀粉 11 克、蛋清 6 克

做法

01

鱼洗净去鳞，去内脏，剁下鱼头。用刀从接近鱼尾的鱼骨处片成两半，将鱼腹内的黑色薄膜刮除。

02

用刀剔除鱼骨，再将鱼皮和红色的肉剔除干净，只留下白色的肉。

03

将处理好的鱼肉和肥猪肉切碎放在一起，再用刀背剁成细腻的鱼肉泥，边剁边拣出里面的筋和小刺。

04

鱼肉泥中加调料 A 拌匀，再加水淀粉和蛋清，朝一个方向搅拌，至鱼肉泥上劲儿并产生黏性。加入切碎的玉米粒，拌匀。

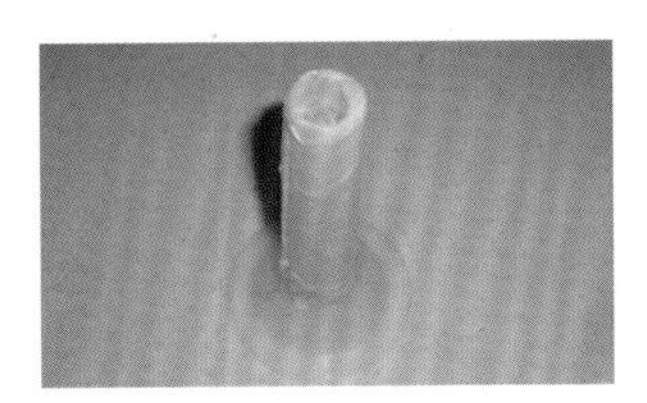

05

将附着在肠衣上的盐分洗净，放入冷水浸泡约 2 小时后，将肠衣全部套在灌肠器上，末端要留出一小段以备打结时使用。

06

在肠衣末端打结，将拌匀的玉米鱼肉泥从灌肠器顶端放入，并用手指轻轻推入肠衣。

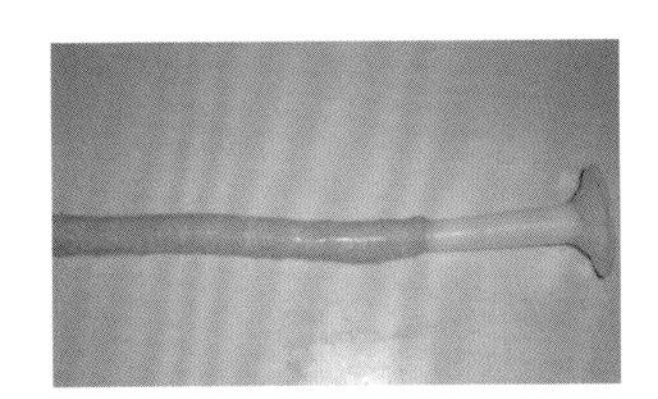

07

将鱼肉泥全部灌入肠衣。

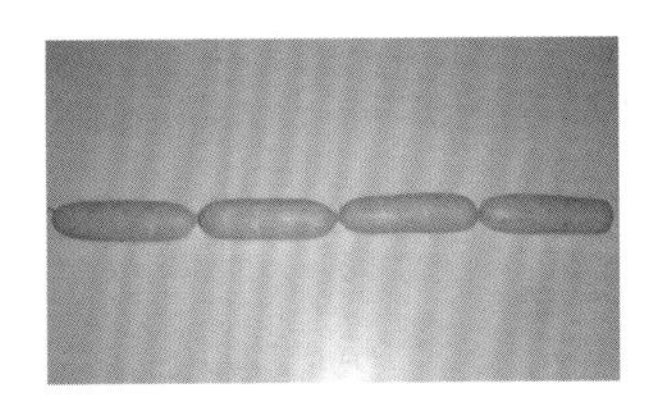

08

用棉线给肠衣打结分段。

09

取一根针，用开水烫过后在灌好的香肠上扎一些小孔，将肠内的气体排出，放入蒸锅，中小火蒸熟即可。

Tips

1. 鱼肉泥黏性大，最后可在灌肠器里塞进去一团保鲜膜，这样就可以把灌肠器里剩余的鱼肉泥顺利挤出来了。
2. 因为鱼肉泥中含有蛋清，蒸的过程中会膨胀，容易弄破肠衣，所以鱼肉肠可以等蒸熟后再剪开。

健康火腿肠

原料

主料：猪肉 250 克

调料 A：葱末 5 克、盐 3 克、姜汁 2 克、鸡精 2 克、黑胡椒粉 1 克、五香粉 1 克、辣椒粉 1/4 小勺

调料 B：水淀粉（选用豌豆淀粉）50 克、鸡蛋 10 克

做法

01
将猪肉剁成细腻的肉泥，放入盆中。

02
将调料A加进去，用筷子朝一个方向搅拌至混合均匀。

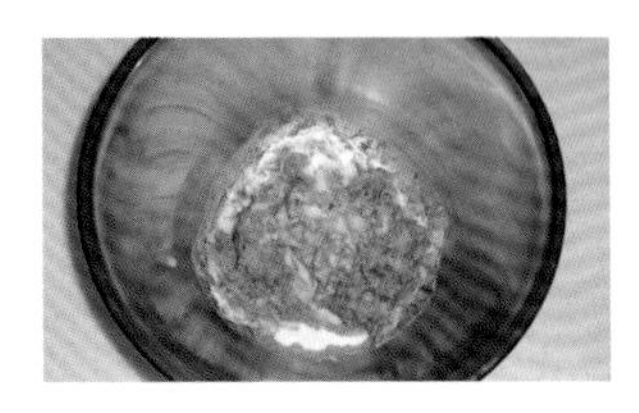

03
加入水淀粉和鸡蛋。

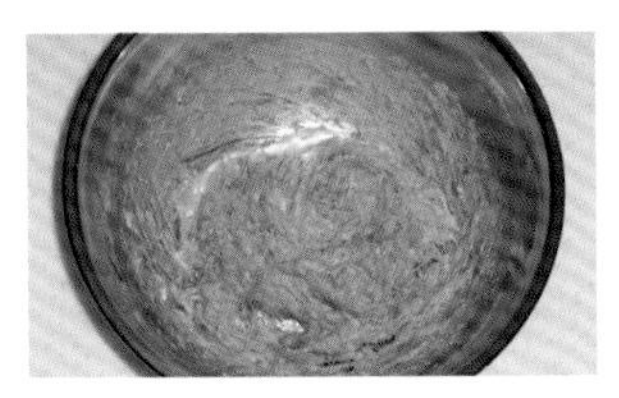

04
继续搅拌至上劲儿并且产生黏性。

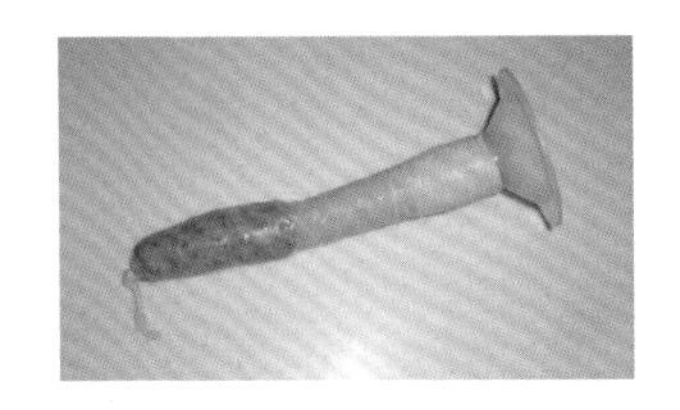

05
将肠衣上的盐分洗净，放入冷水中浸泡约2小时后捞出，将肠衣全部套在灌肠器上，在底端打结，将猪肉泥从灌肠器顶端放入并用手指轻轻推进去。

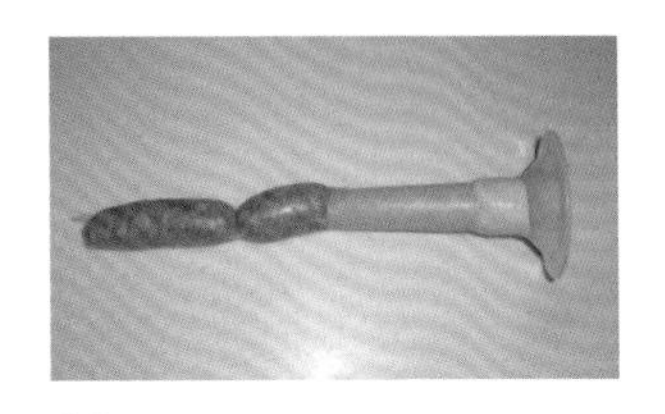

06
灌了约15厘米后，用棉线在肠衣上打结分段。

07
重复前述操作，将剩余的肉泥全部灌入肠衣。

08
取一根细针，用开水烫过后在灌好的香肠上扎一些小孔，使肠内的气体排出。将香肠放入蒸锅，中小火蒸熟即可。

1. 猪肉要选肥瘦比例为3:7或2:8的，全用瘦肉的话口感不够香滑。
2. 将豌豆淀粉和冷水按1:1的比例混合均匀制成水淀粉。
3. 放调料时可先放入80%，拌匀后取少许在平底锅中煎熟尝一下咸淡再加。

吮指小鸡腿

原料

主料：鸡翅根 500 克
焯水用料：花椒 15 粒、大葱 2 段、姜 2 片
糖色水：冰糖 20 克、玉米油 18 克
调料 A：花椒 10 粒、八角 2 个、大葱 3 段、姜 2 片
调料 B：黄豆酱油 15 克、老抽 1/4 小勺、盐 4 克、料酒（或白酒）1 大勺

做法

01
鸡翅根洗净，和焯水用料一起放入锅中，加水没过鸡翅根。

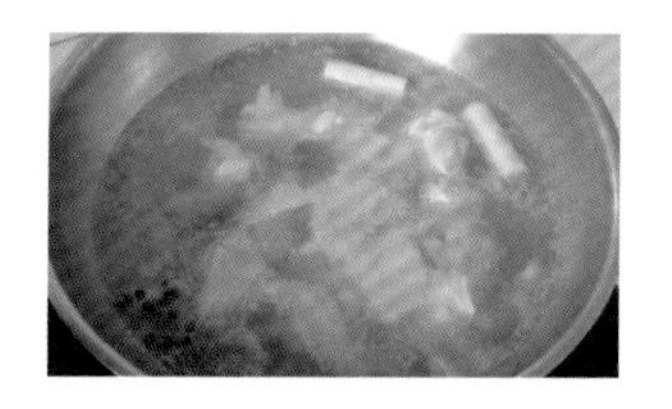

02
大火煮开后转中火，慢慢地水面上会浮起一层血沫，将血沫撇干净。

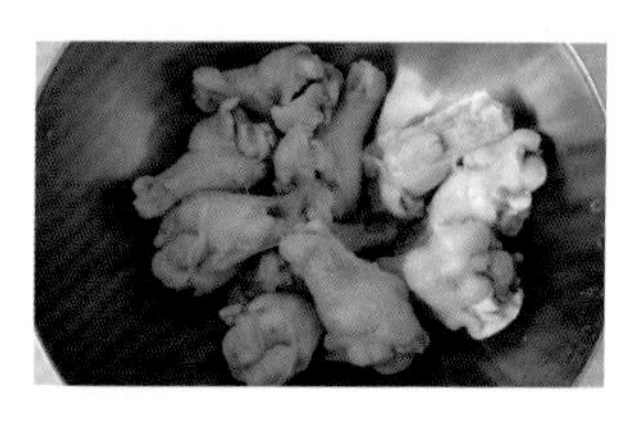

03
鸡翅根捞出洗净备用。

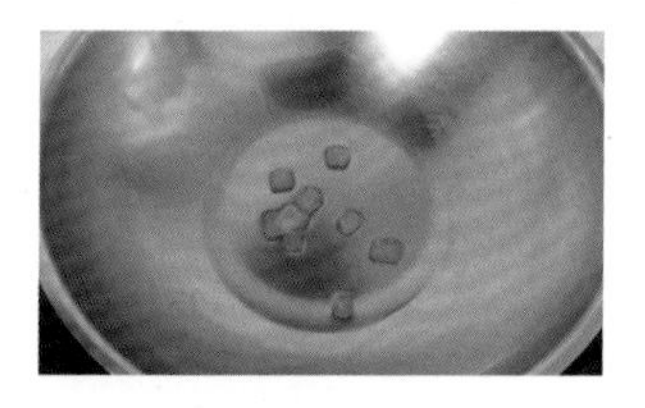

04
炒锅中加入玉米油和冰糖，用铲子不停搅拌，以防煳底。

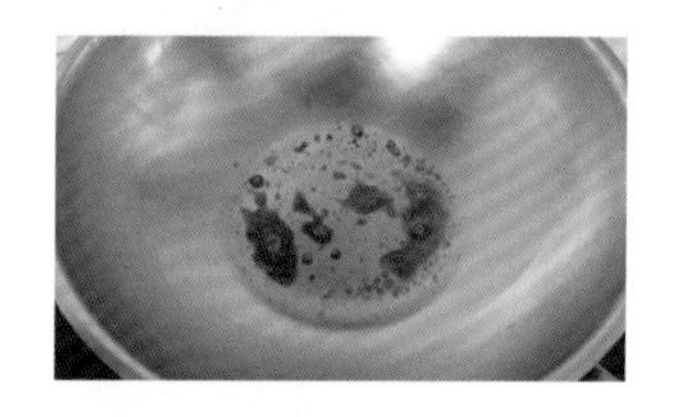

05
继续加热，快速搅拌至糖完全化开、呈琥珀色。

06
加入鸡翅根和调料 A 翻炒 20 秒，加入调料B再翻炒20秒。

07
加水后盖好焖 25 分钟。

08
待汤汁变少后，转大火。

09
收至汤汁黏稠即可。

Tips

① 炒糖色的方法参见第 120 页“奶油花生糖”。

② 最后一步一定要大火收汁，鸡翅根才会有诱人的色泽和浓香的味道。

熏鲅鱼干

 原料

主料： 燕鲅 800 克

腌料： 葱 10 克、姜 8 克、白酒 4 克、盐 1/4 小勺、五香粉 1/2 小勺

炖料： 葱 30 克、蒜 3 瓣、姜 15 克、花椒 25 粒、八角 1 个、桂皮 2 克、黄豆酱油 16 克、白酒 6 克、盐 1 克、老抽 1/4 小勺、水 600 克、冰糖 9 小块、五香粉少许

 做法

01
鲅鱼去头，将鱼身斜切成 1~1.5 厘米厚的块。

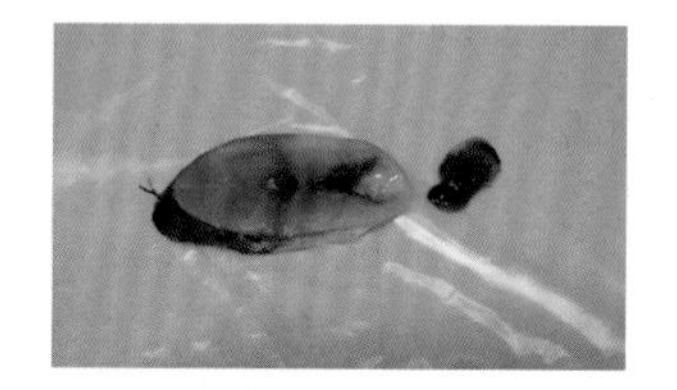

02
去除鱼块上的内脏。

03
洗净沥干后放入盆中，加入腌料。

04
拌匀后封上保鲜膜，放入冰箱冷藏室静置 24 小时。

05
腌好的鲅鱼块擦干水分后，放入热油锅中炸。

06
大火炸至鱼肉紧实且呈金黄色后捞出。

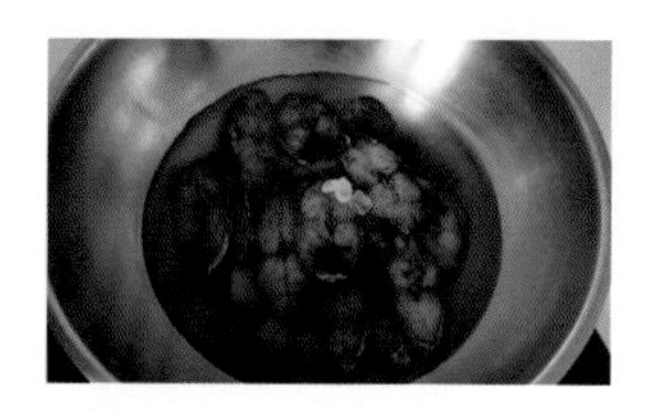

07
将除冰糖和五香粉外的炖料倒入锅中，煮沸后转小火，8 分钟后下鲅鱼和冰糖。

08
中火再次煮沸后转小火。

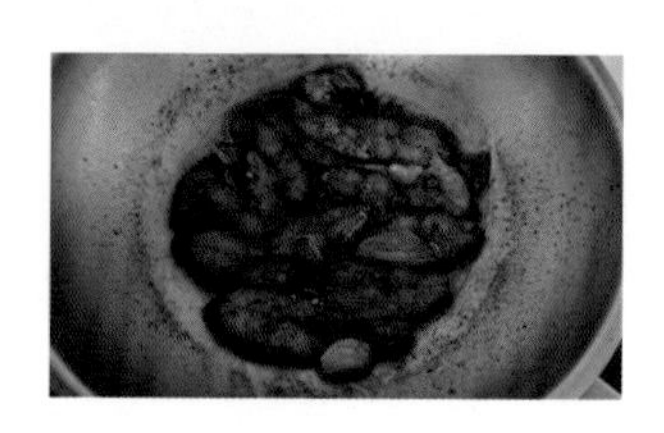

09
出锅前 3 分钟加入少许五香粉拌匀，继续烧至汤汁收干即可。

① 燕鲅可放入冰箱冷冻室冷冻后再切，这样切出的鱼块不易散碎。

② 步骤 02 中一定要将内脏去除并将黑色瘀血清洗干净，否则鱼会有腥味。

③ 炸鱼时要先用大火让鱼快速定形，这样鱼肉才不容易碎，要等鱼肉定形再翻面。

奇香鸭脖

原料

主料：鸭脖 500 克
焯水用料：葱 2 段、姜 3 片、花椒 15 粒
卤料 A：八角 2 克、香叶 1 克、甘草 2 克、山柰 2 克、桂皮 2 克、草果 3 克、辣椒 2 个
卤料 B：水 600 克、冰糖 28 克、盐 12 克、黄豆酱油 52 克、老抽 1/4 小勺
卤料 C：葱 2 段、姜 2 片、料酒 12 克

做法

01 鸭脖洗净，剁成 6 厘米长的小段。和焯水用料一起放入锅中，加水没过鸭脖。焯水时加入葱、姜和花椒，可以去除鸭肉的腥臊味。

02 大火煮开后转中火，慢慢地水面上会浮起一层血沫，将其撇干净，再将鸭脖捞出洗净备用。

03 将卤料 A 放入纱布口袋中系好，和卤料 B、卤料 C、鸭脖一起放入锅中，盖上盖子，中大火煮开后，转小火，继续煮 30 分钟后关火，浸泡 24 小时至入味即可。

孜然鱿鱼卷

原料

主料：鲜鱿鱼 250 克

调料：紫洋葱丝 50 克、孜然粉 1/8 小勺、鸡精 1 小撮、辣椒粉 1 小撮、孜然粒少许、盐少许

做法

01 将处理好的鱿鱼洗净沥干，切成小块放入盆中，加入调料拌匀。鱿鱼遇热易出水，调味前一定要充分沥干，以防炒的过程中出水太多，影响口感。

02 取一口不粘锅，倒入植物油，烧至八成热时，将腌好的鱿鱼和洋葱丝倒入锅中。晃一下锅，让鱿鱼尽量平铺在锅中，这样受热更均匀。

03 当鱿鱼变色发白后，用铲子快速翻炒至熟即可食用。鱿鱼很容易熟，翻炒至鱿鱼卷起来就表明快熟了。不要翻炒太久，以免口感变老。

美味鱼豆腐

原料

主料：草鱼肉 125 克、肥猪肉 5 克
调料 A：盐 1.5 克、姜汁 1 克、鸡精 1 克、绵白糖（或自制糖粉）1 克、白胡椒粉 1 小撮
调料 B：水淀粉 10 克、蛋清 5 克
调料 C：沙茶酱 1 大勺、蚝油 1 大勺、高汤 2 大勺、细砂糖 5 克、葱 12 克、水 160 克

做法

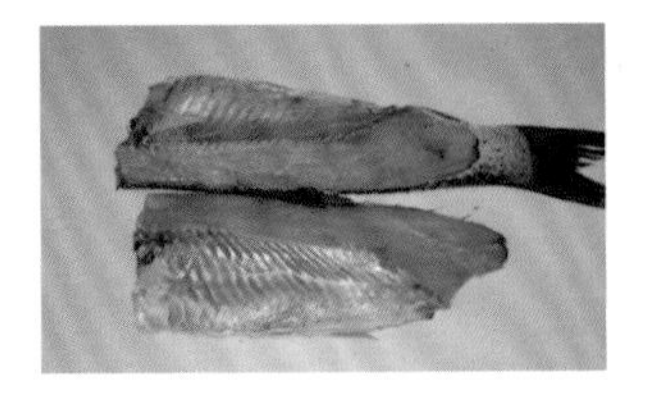

01

鱼洗净去鳞，去内脏和鱼鳃，剁下鱼头。用刀从接近鱼尾的鱼骨处横着把鱼片成两半，并将鱼腹内的黑色薄膜刮除干净。

02

用刀剔除鱼骨，再将鱼皮和红色的肉剔除干净，只留下白色的肉。处理好的鱼肉切碎，肥猪肉也切碎，放在一起。

03

用刀背将肉锤剁成细腻的鱼蓉，加入调料A拌匀，再加入调料B。

04

朝一个方向不停地搅拌，直至鱼蓉上劲儿并产生黏性。

05

放入耐高温容器中，用勺子将表面抹平。

06

封上一层锡纸后放入蒸锅，水开后转中火蒸50分钟。

07

取出晾凉后切成薄片，就是鱼豆腐。

08

取一口平底锅，倒入少许底油，烧热后将鱼豆腐放入锅中，煎至两面变黄，关火。

09

另取一口小汤锅，将调料C全部倒入，搅匀后加入煎黄的鱼豆腐，中火煮沸后转中小火再煮大约10分钟。

1. 剩余的鱼头和鱼骨可用来熬制奶白鱼汤，锅中倒入2大勺植物油，放入15粒花椒，小火煸炒出香味后捞出花椒。放入鱼头鱼骨，转大火煎至两面金黄后，放入2段葱白、4片姜和1/4小勺米醋，倒开水没过鱼头，盖上锅盖，大火煮约18分钟，起锅前加1/2小勺盐即可。
2. 鱼蓉上劲儿并产生黏性后，也可以用来制作原味鱼丸，取一小团放入手中，从虎口处挤出，制成的就是原味鱼丸。
3. 盛放鱼豆腐的容器，要事先涂抹薄薄的一层熟玉米油，否则不易脱模。

Chapter 3
果干蜜饯

果仁脆枣

原料

干红枣200克、熟花生米适量

做法

01
将红枣洗净，放在晾网上晾干，或用厨房纸擦干。

02
取一支干净的笔管，用开水烫一下，从红枣的一端插入，旋转着将枣核顶出来。

03
熟花生米去除红衣备用。

04
取2粒花生米，分别从红枣两端塞入。

05
在所有红枣中按照步骤04所示塞入花生米并放入烤盘中。

06
将烤盘放入预热好的烤箱的中层，上下火，100℃，烤至红枣颜色变深、能闻到明显的焦香味时取出晾凉。

Tips

1. 不同的红枣干湿程度不尽相同，烤的时候要每隔10~15分钟打开烤箱门看一下，当能闻到明显的焦香味且大枣扔在桌面上能发出清脆的响声时即可取出。
2. 宜选用个头较大的红枣，大小以能放入1~2粒熟花生米为宜。不放花生米做出的脆枣一样很好吃。

糯米枣

原料

红枣 12 颗、糯米粉 30 克、水 24 克、桂花糖蜜 2 小勺、熟芝麻 1/2 小勺

做法

01

将红枣洗净，沿枣身中部竖着切一刀（不要切断），取出枣核，将红枣用温水浸泡半小时后捞出，沥干。

02

将糯米粉和水混合揉成团。搓成长条后切成小段，每段约 4 克。

03

将切好的糯米段塞入大枣中，轻捏整形。

04

糯米枣放入蒸锅，水开后中火蒸 10 分钟即可。趁热食用，食用时可以淋上桂花糖蜜并撒上熟芝麻。

1. 清洗红枣时，红枣缝隙里的污垢，即使长时间浸泡也很难完全洗净，此时可用牙刷蘸取少许牙膏，用手指搓出泡沫后刷洗大枣，再将牙膏泡沫冲洗干净即可。
2. 糯米段的分量可多可少，喜欢吃的话可多放一些。
3. 桂花糖蜜的做法见本页。

自制桂花糖蜜

原料

干桂花 8 克、冰糖 85 克、盐 1 小撮、水 180 克

做法

1. 将干桂花放入滤网，用水冲洗干净（①）。
2. 将原料全部倒入锅中（②），开中火煮沸（③）。
3. 转小火，熬黏稠（④）后关火。
4. 晾凉后倒入干净且无油无水的玻璃瓶中，密封储存。

金橘蜜饯

原料

金橘 400 克、水 500 克、冰糖 125 克、盐 1/8 小勺

做法

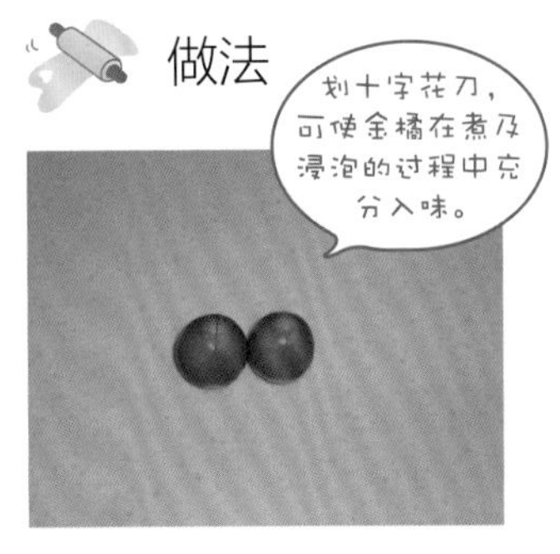

01

将金橘用盐水浸泡 15 分钟，捞出洗净并去蒂，用水果刀在金橘顶端划十字花刀。

02

处理好的金橘放入锅中，加入水和冰糖。

03

中火煮沸后转小火继续煮约 20 分钟。

04

待金橘皮变透明后加 1/8 小勺盐，轻轻搅匀后关火。

05

晾凉后，盖上锅盖放入冰箱冷藏一夜。

06

第二天将金橘取出，沥干糖水，平铺在碗底，放入微波炉高火加热至嚼起来有韧劲即可。

1. 不同品牌的微波炉火力不同，因此在加热金橘时，要每隔 2 分钟取出看一下，以免加热时间过长，将金橘烤煳。
2. 若喜欢干一些的，可以把加热好的金橘放在晾网上晾一晚。

烤菠萝干

原料

成熟的菠萝 1 个

做法

01
将菠萝洗净，横切成两半。

02
用刀削去外皮。

03
用菠萝去眼器挖出菠萝眼。

04
将菠萝肉切成约 0.3 厘米厚的薄片。

05
将菠萝片放入不粘烤盘。

06
将烤盘放入烤箱，打开热风循环功能，上下火 120℃烤约 60 分钟，至菠萝片干燥，边缘略微焦黄即可。

1. 此处使用的是成熟的海南菠萝，无须用盐水浸泡，因此烘烤时间较短。若菠萝品质不好或成熟度不够，最好提前用盐水浸泡一下，这样做的话烘烤时间要相应地延长。
2. 如果使用的是普通烤盘，就要铺上油布或厚实的烘焙纸，尽量不要铺锡纸或较薄的烘焙纸，否则菠萝片烤干后容易粘在纸上。
3. 如果一次只烤一盘菠萝片，把烤盘放入烤箱中层即可。如果一次烤两盘，就要在 60 分钟后将烤盘取出，调换位置后放入烤箱，继续烘烤至边缘焦黄，用时共计约 105 分钟。

芒果干

原料

芒果 500 克、细砂糖 76 克、水 200 克

做法

01 芒果洗净去皮，切成约 0.3 厘米厚的片。建议选用肉质肥厚且自然成熟的新鲜芒果来制作。芒果片不宜切得太薄，否则经过晾制会变得较薄，口感不好。

02 将细砂糖和水倒入锅中，中火煮至细砂糖完全溶化，关火晾至与体温差不多。

03 将芒果片放入锅中，晾凉后盖上锅盖放入冰箱冷藏 3 小时。

04 将芒果片取出，平铺在晾网上，放在阴凉通风处晾干。若将芒果片放于窗台边，可以打开窗户，这样可以有效缩短晾制时间，若风大可加盖纱网。若没有晾制条件，可以用电风扇将芒果片吹干，室温 25℃的情况下吹一晚即可。

05 每隔 3~4 小时翻一次面，晾至芒果片表面干燥，嚼起来有韧劲即可。晾的时间不宜过长，否则芒果干会变得干硬。

香蕉干

原料

香蕉适量

做法

01 香蕉剥皮，切成薄片。制作香蕉干要选用成熟的新鲜香蕉。如用不熟的香蕉制作，香蕉干就会香味不足且口感发涩。

02 将香蕉片并排放入不粘烤盘。如果用普通烤盘，就要铺上油布或厚实的烘焙纸，不能用太薄的烘焙纸，不然香蕉片烤好后容易粘在烘焙纸上。

03 烤盘放入烤箱中层，不用预热，打开热风循环功能，上下火 120℃，烘烤约 60 分钟，至香蕉片两面干燥且呈焦黄色，摸起来脆硬。要低温长时间烘烤，温度过高容易出现香蕉片内部还来不及烘干、外面就烤煳了的情况。烤箱的热风循环功能可加速烘干，如果没有此功能，烘烤时间就要延长 30~40 分钟。

04 取出烤盘，晾片刻，待香蕉干不烫手时就要从烘焙纸上揭下来。香蕉干晾凉变硬后就不好揭了。

Fall in Love

山楂糕

原料

山楂 500 克、水 400 克、细砂糖 200 克

做法

01

山楂洗净，开水下锅焯至微软、核可用手轻松挤出，关火捞出。

02

去核，将山楂倒入干净的锅中，加 400 克水，中火煮开后盖上锅盖转小火继续煮。

03

煮至山楂软烂、呈黏稠的糊状，关火。

04

山楂糊倒入滤网，用勺子碾压过滤，得到的就是细腻的山楂泥。

05

山楂泥和细砂糖一起倒入锅中。

06

中小火加热，至糖完全溶化，转小火继续加热至山楂泥呈深红色且非常黏稠、几乎无法流动，关火。

07

立即倒入两个铺有锡纸的小号保鲜盒中，用刮刀抹平表面。

08

放入冰箱冷藏至凝固。取出脱模即可切块食用。

1. 熬煮山楂时水不宜太少，因为山楂要充分熬煮才能析出果胶。
2. 可根据山楂的酸度酌情增减糖的用量。但不可减得过多，否则会影响山楂糕的凝固。
3. 熬山楂等酸性食材时不要使用铁锅，最好使用不锈钢锅或玻璃锅。
4. 果泥很黏，过滤时最好用两把勺子，一把在滤网上朝一个方向转圈碾压，使果泥充分滤出，另一把用来刮下粘在滤网另一面的果泥。
5. 熬好的果泥冷藏后若没有凝固，就说明没有熬到位，可放回锅中，加少量水继续熬。

果丹皮

原料

铁山楂 250 克、泡发海带 75 克、细砂糖 250 克、水 250 克、盐 1/8 小勺

做法

01
海带放入锅中，加水没过海带，中大火煮开后转小火煮至少 40 分钟，以去除腥味。

02
山楂洗净去蒂，放入碗中，撒盐，倒入足量水，搅拌让盐溶解，浸泡 15 分钟后沥干。

03
山楂开水下锅，焯至表皮微微发皱、有细微裂缝，迅速捞出。

04
挤出核，将山楂放入碗中备用。

05
海带煮好后沥干，切成细丝，放入碗中。

06
加入 150 克水，用料理棒打成糊状。

07
将海带糊、山楂和 100 克水放入盆中，搅打成更细腻的糊。

08
过滤，将滤出的细腻果泥倒入小锅，加入糖，中小火加热。

09
加热至果泥十分黏稠、颜色变深且不断冒大泡泡，关火。

10
果泥倒入铺有保鲜膜的烤盘中，用刮板刮成厚薄均匀的片状。

11
放在阴凉通风处，晾至表面比较干，取出来放在案板上。

12
将四边裁切整齐，由下向上卷起，果丹皮就做好了。

① 制作果丹皮要用铁山楂，不宜用口感特别面的山楂。

② 山楂先用盐水浸泡再焯烫，有助于保持红润的色泽。

③ 海带富含胶质，加了海带糊的果丹皮口感更好，且透明红艳。山楂、海带和糖的比例约为 10∶3∶10，海带过少果丹皮不易凝固，口感发黏；海带过多果丹皮腥味重。糖过少，也会影响果丹皮的凝固。

④ 判断果泥是否熬好的方法：盛少许果泥倒在保鲜膜上，观察能否凝固。若无法凝固，就要继续加热。

炒红果

原料

主料：山楂 250 克
盐水：盐 1/2 大勺、水 350 克
调料：冰糖粉 70 克、盐 1/8 小勺、桂花糖蜜 1 小勺

做法

01
山楂洗净去核，放入盐水中浸泡 20 分钟。

02
泡好的山楂捞出洗净，沥干后倒入锅中，加水没过山楂，加 1/8 小勺盐，盖上锅盖，中火煮开。

03
水开后倒入冰糖粉，转小火煮约 8 分钟，至汁液黏稠，关火。

04
加入桂花糖蜜，拌匀后倒入碗中，盖上保鲜膜，放入冰箱冷藏一夜，待充分入味后即可食用。

1. 山楂去核小窍门：取一支空笔管，洗净后用开水消毒，从山楂底部插进去，左右旋转即可将果核顶出。
2. 冰糖具有润肺止咳、清痰去火的功效。可以在家自己制作冰糖粉：将冰糖敲成小块，放入料理机的干磨杯，打成粉即可。若大块冰糖不易敲碎，可将其放入微波炉用中火加热 1 分钟，取出即可轻松掰成小块。加热时间不宜过长，以免冰糖熔化。若无冰糖，可把细砂糖放入干磨杯，打成糖粉。

雪红果

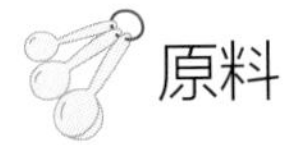

原料

山楂 200 克、细砂糖 140 克、水 120 克、玉米淀粉 50 克

做法

01

将玉米淀粉放入碗中，盖上保鲜膜，放入蒸锅，开大火，锅中的水开后继续蒸 20 分钟，蒸好后过筛备用。

02

山楂洗净去蒂，晾干备用。

03

细砂糖和水倒入锅中，中火加热，用木铲朝一个方向不停搅拌，以防煳底。

04

加热至糖浆黏稠且密集地冒大泡泡，转小火。

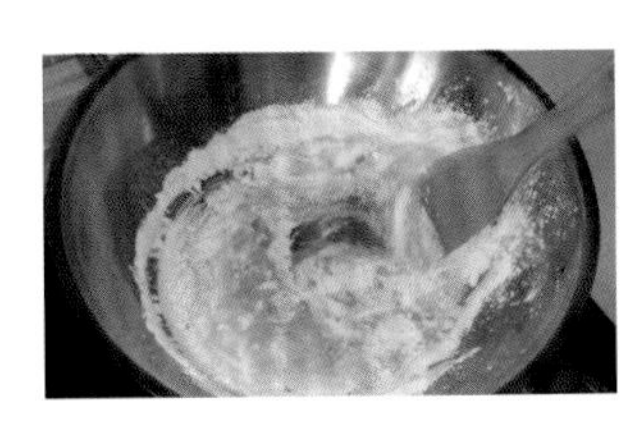

05

立即倒入蒸熟的淀粉，用木铲快速拌匀。

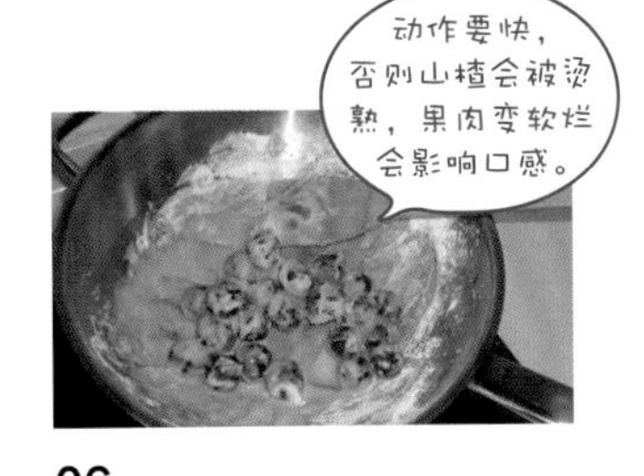

06

拌匀后放入山楂，再次快速拌匀后关火盛出即可。

Tips

1. 蒸玉米淀粉时要盖上保鲜膜或盘子，以防水蒸气凝结后滴入其中。蒸熟的淀粉比用微波炉加热的口感好。
2. 山楂不用去核，因为锅中的淀粉混合物的温度很高，去核的山楂很容易被烫熟变烂。
3. 注意，糖液不要熬过头，一旦糖液颜色变深、呈琥珀色就表明熬过头了。要尽量防止这种情况发生，否则雪红果晾干后糖霜就不是雪白色的，其口感也没有那么酥松。
4. 刚盛出时雪红果会粘在一起，晾至不烫手时将它们掰开即可，待凉透后它们就会变得雪白。

北京果脯

原料

铁山楂500克、白糖100克、盐1大勺

做法

01 将山楂洗净，用干净的笔管把核顶出，将山楂放入盆中。

02 加入盐，加冷水没过山楂，搅拌一下，让盐完全溶化。盐水浸泡可以使山楂保持鲜艳的色泽。

03 浸泡20分钟后捞出，沥干，放入小锅，倒入冷水，水要没过山楂。中小火加热至山楂微微膨胀、表皮有细微裂纹，关火。煮的时间不宜太长，否则山楂会软烂不成形。

04 轻轻捞出山楂，沥干后放入大碗，撒上白糖。山楂要分次捞出，每码放一层山楂就要撒一层白糖，这样山楂受热时才能均匀地裹上糖浆。

05 将撒了糖的山楂放入微波炉，高火加热6~8分钟，至山楂变得晶莹，取出。在加热过程中每隔2分钟取出来轻轻翻拌一下，这样做既能让山楂均匀地裹上糖浆，也能防止加热过度。取出后放在晾网上晾一夜后食用口感最佳。

奶香柿衣

原料

柿饼 1 个、白豆沙 10 克、黄油 5 克

做法

01 将柿饼从中间切开。

02 取一把尖头的勺子，挖出少许柿子肉。

03 黄油放在室温下软化至用手指轻按可按出小坑。

04 在柿饼空隙填入白豆沙和软化的黄油即可食用。白豆沙和黄油的用量可根据个人喜好调整。柿饼和白豆沙都很甜，可根据个人口味在黄油中加入一点点盐，盐可以使成品甜而不腻。

芒果卷

原料

芒果 500 克

做法

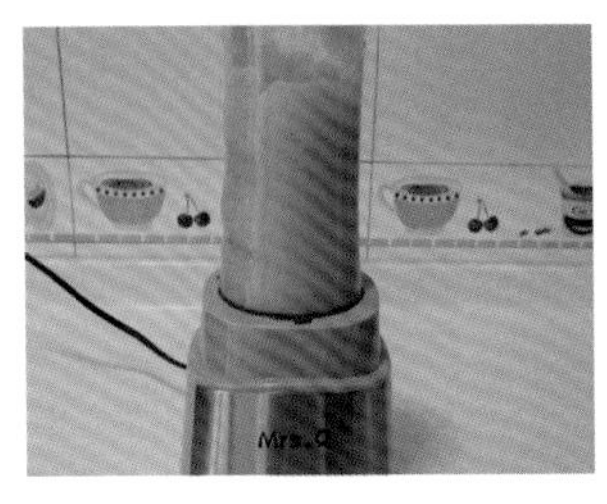

01
芒果洗净削皮后切成小块，放入料理机打成细腻的糊。

02
取65克芒果糊，倒入28厘米×28厘米的不粘烤盘中。

03
用刮板上下左右将芒果糊均匀地摊成图中所示的方形。

04
放入预热至80℃的烤箱中层，上下火，烘烤约90分钟，至芒果糊凝固、可以整张轻松揭下。

05
放在案板上，卷成卷。

06
切成小段。

1. 芒果糊切勿烘烤得过干，否则成品会过于脆硬黏牙。
2. 也可将烘烤好的芒果先切成长条再卷起来，这样做成的芒果卷两端更美观。

皮皮柚

原料

柚子皮 400 克、绵白糖 200 克、粗砂糖 100 克

做法

01
把盐涂在柚子皮上，仔细搓去柚子皮上的果蜡后将柚子皮洗净。

02
果皮一分为四并且剥下来。

03
切成长约 6 厘米、宽约 2 厘米的长条，放入锅中，加水没过柚子皮。

04
开火煮至水沸腾，转中小火，继续煮 3 分钟后关火。将水全部倒掉。

05
再次加水煮，水沸腾后转小火继续煮 15~20 分钟。关火，倒入滤网过滤。

06
将柚子皮平铺在平底不粘锅中。

07
撒一层绵白糖，再铺一层柚子皮并撒一层糖，直至铺完。

08
小火加热，用耐高温硅胶刮刀不时左右前后推一下，让柚子皮均匀受热。

09
加热至还剩一点儿糖汁，关火。

10
将柚子皮依次放入装有粗砂糖的盘中。

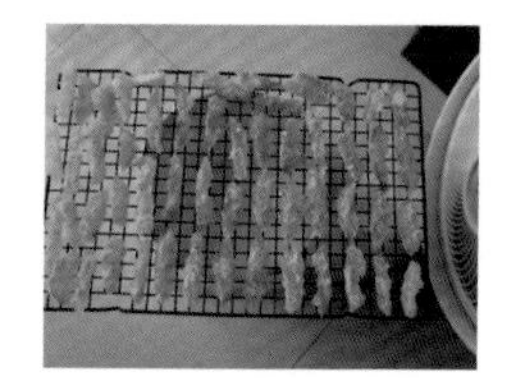

11
均匀裹上砂糖后放在晾网上。

12
用电风扇将柚子皮吹至自己喜欢的干燥程度。

① 柚子皮内侧的白瓤无须去掉，但白瓤有苦味，需焯两次水以去除苦味。
② 步骤 07 中之所以加绵白糖是因为绵白糖能更快地溶化，从而减少加热时的推动次数。也可以用自制糖粉，但不可用市售糖粉代替，因为其中含淀粉。
③ 煮过两次的柚子皮非常软，加热时用硅胶刮刀前后左右推一下，能防止煳底即可。不要大幅度翻拌，以免柚子皮不成形。
④ 煮好的柚子皮沥干后最好称一下重量，绵白糖的用量与煮过沥干的柚子皮的比例约为 1:2。
⑤ 吹的过程中可以尝一下。柚子皮吹得越干，保存的时间就越长。

Chapter 4
点心糖果

蛋酥卷

 原料

红薯 100 克、黄油 100 克、细砂糖 80 克、鸡蛋 150 克、纯牛奶 45 克、低筋面粉 100 克

 做法

01

红薯洗净去皮，切片后放入蒸锅，大火蒸至用筷子可轻松扎透。

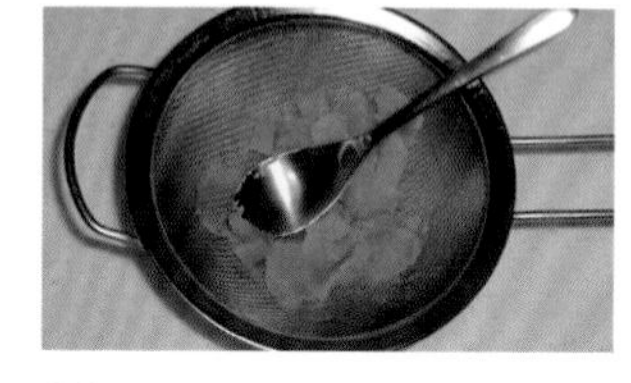

02

放入滤网用勺子按压过滤后制成红薯泥。

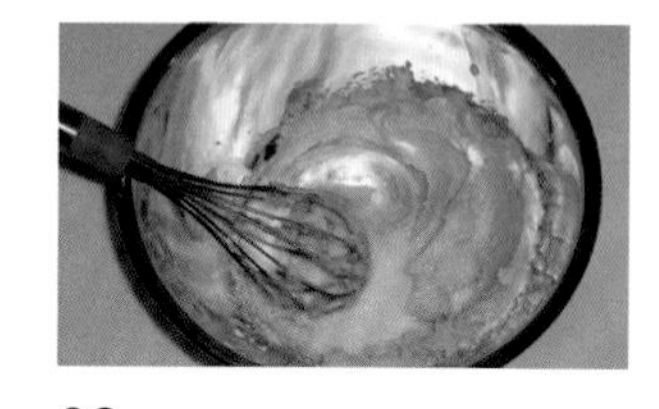

03

红薯泥和黄油放入盆中，拌匀后倒入细砂糖，朝一个方向搅拌至混合均匀。

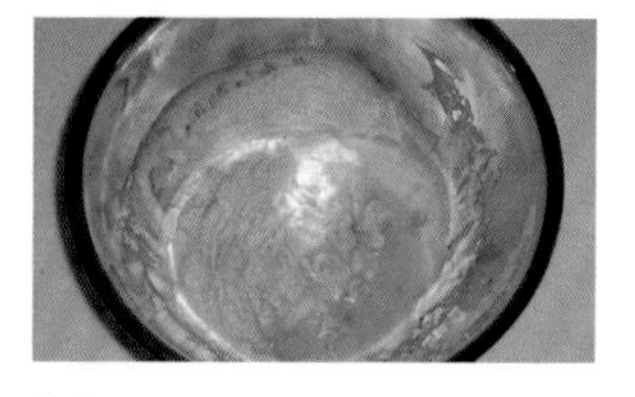

04

将鸡蛋打散，分 4 次加入红薯泥混合物中，每次加入后都要完全搅匀再加下一次。

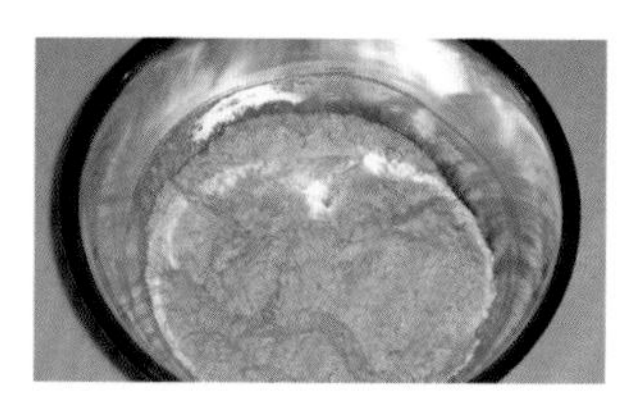

05

加入牛奶搅拌均匀。

06

加入过筛的低筋面粉，用刮刀翻拌均匀后静置 30 分钟。

07

开小火，将蛋卷模具的两面各加热 1 分钟。取 20~25 克面糊，倒在模具上，立即合上盖子。

08

两面各加热 20~25 秒，打开模具盖，将一根筷子放在蛋饼上。

09

迅速卷起，取出筷子，晾凉后放入保鲜盒中储存。

1. 黄油要放在室温下软化后使用，软化到用手指轻按能按出小坑即可。
2. 蛋液要分次加入，因为蛋黄中含有油脂，一次性加入会造成水油分离，从而无法拌匀。
3. 糖的用量不可减少，否则会影响蛋卷的脆度和色泽。
4. 若面糊太厚，有的地方就不易熟透，卷起后易返潮，口感就不酥脆了。
5. 一定要等蛋卷完全烤熟再打开模具，否则会撕破还未烤熟的蛋糊，此时即使再合上盖子成品也不会完整。
6. 加热时将模具多翻几次面，上下左右移动一下，蛋卷上色会更均匀。

玫瑰绿豆糕

原料

脱皮绿豆 150 克、黄油 33 克、熟玉米油 20 克、细砂糖 70 克、水饴 30 克、玫瑰花瓣适量

做法

01
脱皮绿豆洗净倒入碗中，加水没过绿豆，浸泡 24 小时。在炎热的夏季制作时，要放入冰箱冷藏室内浸泡。

02
将泡好的绿豆放入提前铺好笼布的蒸锅内，将笼布四角盖在绿豆表面，然后盖上锅盖。

03
水开后转中火蒸 60 分钟，关火，取出倒入碗中。

04
用擀面杖和勺子，将蒸好的绿豆，边捣边压成绿豆沙。

05
将绿豆沙倒入不粘锅中，加入细砂糖、熟玉米油和水饴。

06
小火加热，用耐高温刮胶刮刀翻拌均匀。

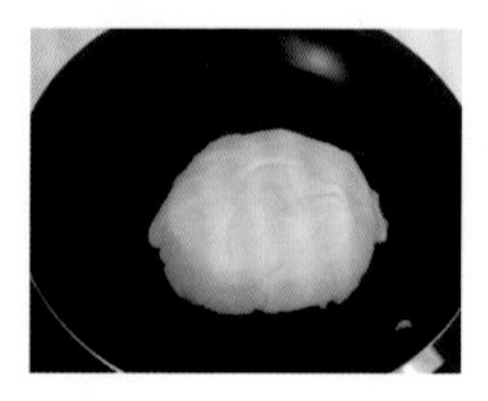

07
放入黄油，不停翻炒，直至黄油全部被吸收、绿豆沙成团。

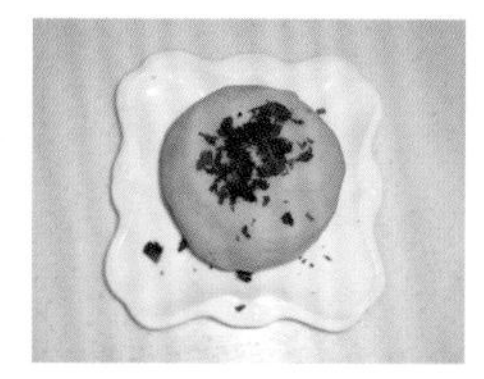

08
放入捏碎的玫瑰花瓣，用手揉匀。

09
等分成 25~30 克 / 个的剂子。

10
充分揉匀后，放入事先抹了熟油的模具中。

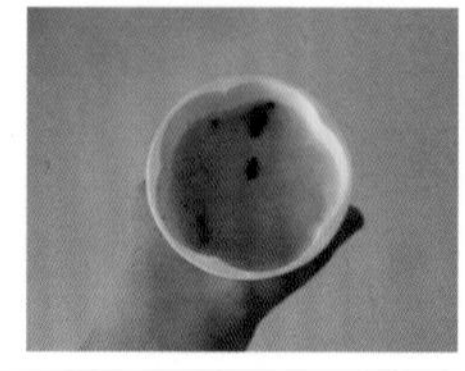

11
按压紧实。

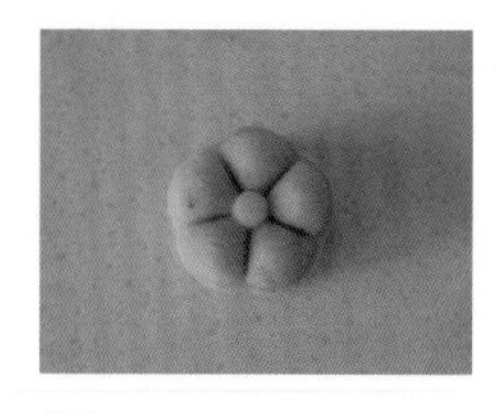

12
压出即可。

Tips

① 喜欢奶香味浓一些的，可以加入少许淡奶油来增加奶香味；不喜欢奶香味的可以全部使用玉米油。使用芝麻油，做出的就是传统口味的麻油绿豆糕。

② 用蒸熟的绿豆制作的绿豆沙比较干，所以后期炒的时候要开小火，以免煳锅。注意不要将绿豆沙炒得过干或过湿，过干成品容易开裂，过湿成品容易出水。

③ 剂子要充分揉匀，装进模具后要压紧实，这样按出的图案才好看。

豌豆黄

原料

干豌豆 200 克、细砂糖 76 克

做法

01
干豌豆洗净放入水中泡一晚。

02
泡好的豌豆剥去外皮，洗净倒入碗中，加水没过豌豆。

03
盛有豌豆的碗放入蒸锅，水开后转中火蒸 40~50 分钟，关火取出。

04
用手持式料理棒将蒸好的豌豆打成糊。

05
过滤后倒入炒锅，加入细砂糖。

06
中小火熬煮至豌豆糊十分黏稠，关火。

07
取一个保鲜盒，提前在内壁涂一层熟植物油，将熬好的豌豆糊倒入保鲜盒中，用刮刀将表面抹平。

08
放凉后盖上盖子，将保鲜盒放入冰箱冷藏室，冷藏约 4 小时，让豌豆糊凝固。

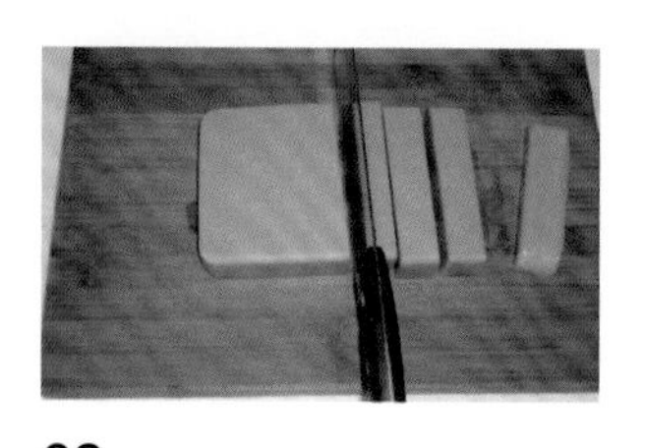

09
将保鲜盒取出，倒扣在案板上，轻拍盒底将豌豆黄倒出，切成小块。

Tips

① 干豌豆要提前泡至少 4 个小时，否则不容易蒸烂。

② 保鲜盒内要事先抹一层熟植物油，这样做既可有效防粘，也便于脱模。

③ 豌豆糊要熬煮到位，太稀不容易凝固，太稠会导致成品口感较硬且易产生裂纹。在熬煮的过程中，可铲起一勺豌豆糊往锅中倒，如果豌豆糊滴落得很慢，并且不会立即和锅中的豌豆糊融合，而是先摊成一小堆才慢慢融合，说明熬煮到位，此时即可关火。

芸豆卷

原料

白芸豆 200 克、红豆沙 120 克

做法

01
白芸豆洗净放入水中浸泡一晚。

02
泡好的白芸豆剥去外皮放入碗中，倒水没过白芸豆。

03
盛有白芸豆的碗放入蒸锅，水开后转中火蒸 1 小时，关火取出。

04
将碗里的水全部倒掉，趁热用擀面杖把白芸豆捣成泥。

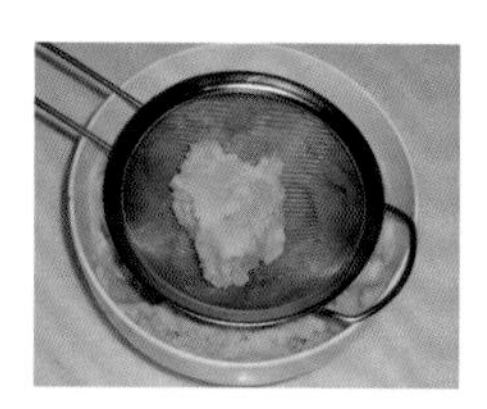

05
将芸豆泥过滤一下，使之更细腻。

06
用手将芸豆泥揉成团，放入小号保鲜袋中。

07
擀成长方形的芸豆皮。

08
剪开保鲜袋，将芸豆皮均匀地切成 3 份。

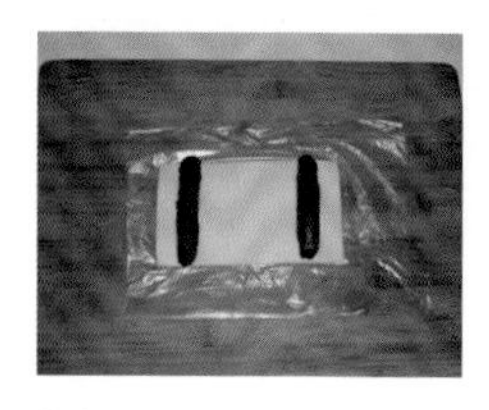

09
取一份横放在保鲜膜上，两端各放一条约重 10 克的条状的红豆沙。

10
用芸豆皮卷住红豆沙，从两边一起往里卷。

11
卷好后接缝朝下放在保鲜膜上。

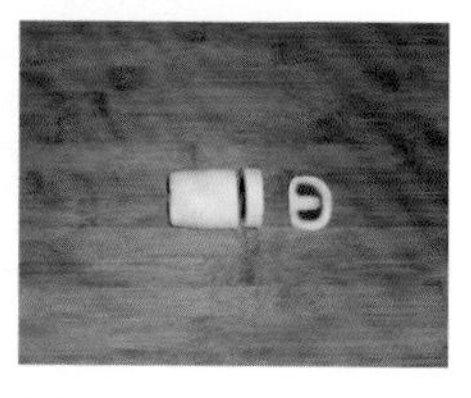

12
切成小块即可食用。

Tips

擀芸豆皮时用力要均匀，要擀得厚薄一致，否则芸豆卷的切面会不够美观。

奶香红豆沙

原料

红小豆 150 克、水 510 克、细砂糖 90 克、蜂蜜 15 克、黄油 30 克

做法

1. 红小豆洗净放入碗中，加入 330 克水浸泡 24 小时（①）。

2. 泡好的红小豆和水一起倒入电饭煲内胆中（②），选择“煮饭”键。

3. 当电饭煲自动转为保温时即可取出。

4. 倒入盆中后（③）加入 180 克水，用手持式料理棒打成糊（④）。

5. 将红豆糊放在滤网上过滤一下（⑤）。

6. 倒入炒锅，加入细砂糖（⑥）。

7. 开小火不停翻炒至糖完全化开后，加入蜂蜜和黄油（⑦）。

8. 翻炒至红豆沙颜色变深，无法流动（⑧）。

木棉笔记

1. 步骤 4 中加入的水量，以能将红小豆打成细腻的糊为准。
2. 过滤的步骤可省略，但炒好的红豆沙中就含有豆皮，不过不影响口感。
3. 将黄油换成等量的植物油或猪油，制成的就是原味红豆沙或猪油红豆沙。
4. 加入蜂蜜，在炒干水分的同时，能让豆沙保持湿润的口感。

柚子果冻

原料

柚子汁 185 克、糖粉 30 克、吉利丁片 5 克、水 65 克

做法

01 柚子果肉去皮去籽。

02 放入破壁机中打成细腻的果汁。果汁倒入碗中，加入糖粉。

03 搅拌至糖粉完全溶化。

04 将吉利丁片放入冷水中浸泡 15 分钟，泡软后捞出沥干。口感特别酸的柚子，要多加一些吉利丁片，因为酸会降低吉利丁片的凝固性。

05 取一口小锅，倒入 65 克水，加热至沸腾后关火，放入步骤 04 中泡软的吉利丁片，让其完全化开。不要长时间加热吉利丁片，否则其凝固性会变差。

06 将上一步做好的混合物趁热过滤到步骤 02 打好的果汁中，快速搅拌均匀。

07 将混合物倒入花形硅胶模，放入冰箱冷藏 6 小时以上，至凝固。

08 脱模时，要将模具放入约 45℃的温水中，浸泡至果冻边缘呈透明状态时，即可倒扣取出食用。

黑糖小甘薯

原料

红薯泥 200 克、红薯面粉 15 克、豌豆淀粉 15 克、黑糖 20 克、红豆沙 30 克、植物油 4 克

做法

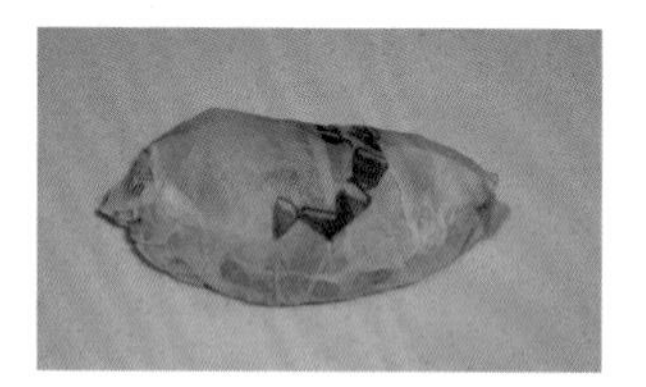

01
红薯洗净，用湿润的厨房纸包好。

02
红薯放入微波炉，高火加热 15 分钟后取出，剥皮放入滤网，用勺子按压过滤，得到细腻的红薯泥，称取 200 克。

03
将原料全部倒入碗中。

04
搅拌均匀。

05
放入微波炉，中高火加热 5~6 分钟，取出拌匀。

06
晾至不烫手时，倒在案板上先揉成团，再搓成长条。

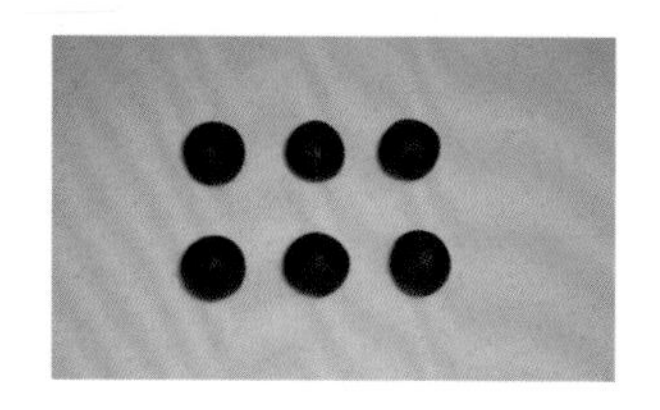

07
切成约 12 克 / 个的小剂子。把剂子揉圆。

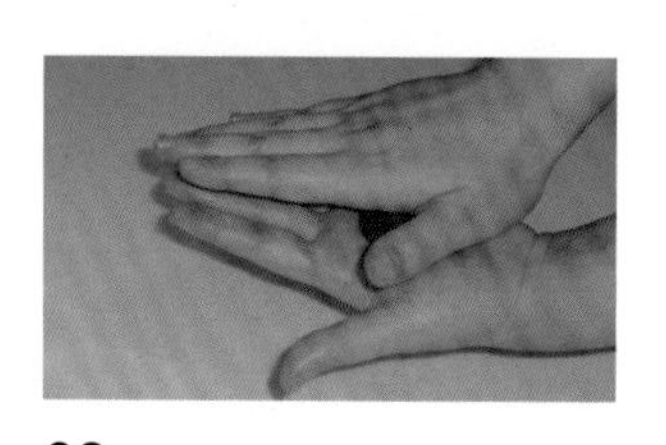

08
再用双手将两头搓尖，搓至外形类似红薯即可。

09
将搓好的甘薯并排放入烤盘，放入预热好的烤箱，上下火，175℃，烤约 12 分钟。

Tips

① 500 克红薯大约可做出 300 克红薯泥。

② 红薯最好用微波炉加热至熟，不宜蒸熟或煮熟，否则水分会太多，甘薯球会过于湿黏，不易成形。

③ 黑糖块比较硬，需提前捣碎，否则不易和其他原料融合。

④ 可用红薯淀粉替代豌豆淀粉，但不建议使用玉米淀粉和土豆淀粉，否则做出的甘薯口感会偏黏。

⑤ 步骤 05 中加热混合好的红薯泥时，具体加热时间因红薯泥含水量的不同会有差异。最终状态以能搓成不松散、不黏手的条为准。

黑糖麻薯

原料

麻薯：圆粒糯米 180 克、木薯淀粉 50 克、黑糖 145 克
蘸粉：黄豆粉 140 克

做法

01
黄豆粉放入锅中。

02
小火翻炒至呈浅褐色且能闻到明显的豆香味，关火备用。

03
将圆粒糯米洗净，放入冷水中浸泡 6~8 小时。捞出沥干水分放入蒸锅，大火蒸 40 分钟。

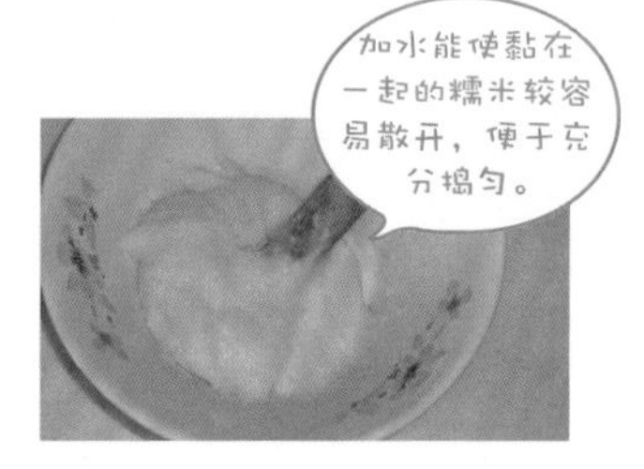

04
取出后倒入碗中，趁热用擀面杖捣成泥，加入 1 小勺开水，一直捣至看不到米粒。

05
加入木薯淀粉和捣碎的黑糖，继续捣并搅拌均匀。

06
将混合物分成 5 等份，开水下锅后转小火煮熟。捞出。

07
沥干后放入盆中，朝一个方向搅拌至表面光滑并成团。

08
放入涂了薄薄的一层熟植物油的保鲜盒中，按平。

09
晾凉后取出切成小块，蘸上炒熟的黄豆粉就可以食用了。

1 糯米分长粒糯米和圆粒糯米两种，后者的口感更香黏软糯。
2 木薯淀粉不可用其他淀粉替代，可在实体烘焙店或网上购买。
3 黑糖块很硬，要事先放入研钵中捣碎再使用，否则不易和糯米团搅拌均匀。
4 步骤 04 中捣好的糯米团约重 280 克。

萨其马

原料

主料：普通面粉 110 克、鸡蛋 80 克、冰糖 60 克、蜂蜜 30 克、水 150 克
撒料：葡萄干 2 小勺、熟芝麻 1 小勺、熟花生碎 1 小勺

做法

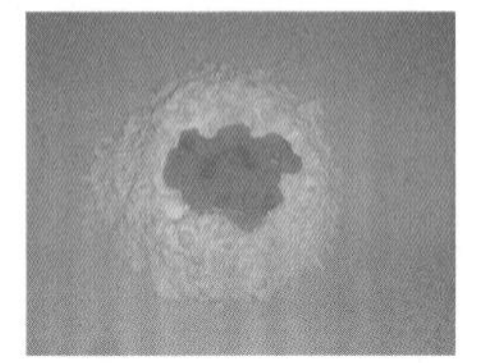

01
面粉中间挖个小坑，倒入打散的蛋液。

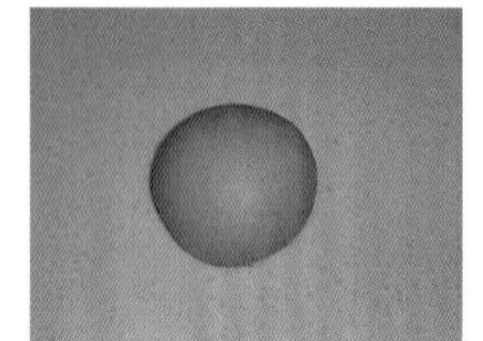

02
用手和成光滑的面团，盖上保鲜膜饧约 15 分钟。

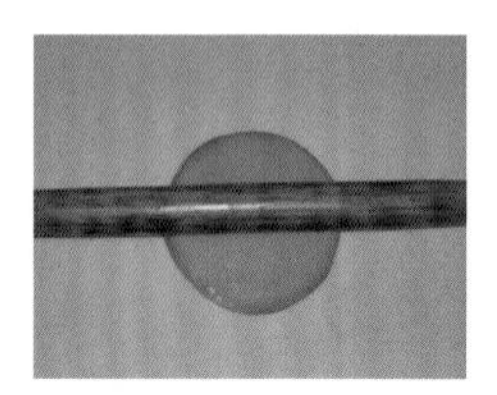

03
饧好的面团放在案板上，用擀面杖擀开。

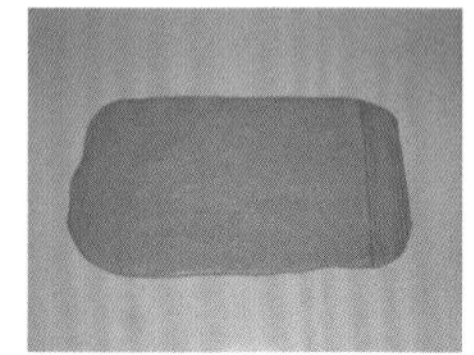

04
擀成约 0.2 厘米厚的长方形面片，用锋利的刀切成条。

05
锅中倒足量植物油，中火加热至油温适宜时将切好的面条放进去，立即用筷子拨散。

06
炸至面条微黄时捞出，放在晾网上沥去多余的油分。

07
在干净的保鲜盒内涂一层熟植物油，撒上撒料。

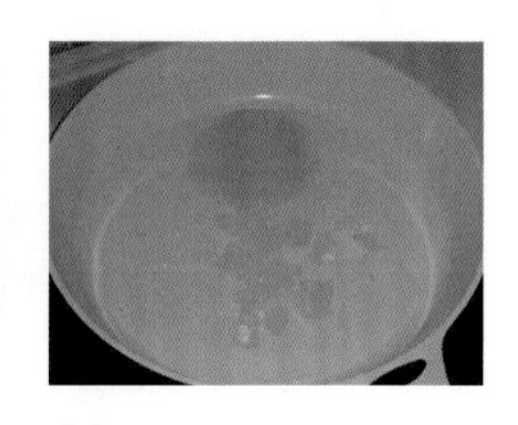

08
另取一只干净的平底不粘锅，倒入冰糖、蜂蜜和水。

09
中小火煮开后用木铲不停搅拌。

10
糖浆熬煮到位后关火，将面条倒入锅内。

11
快速翻拌均匀后倒入保鲜盒，用木铲按平。

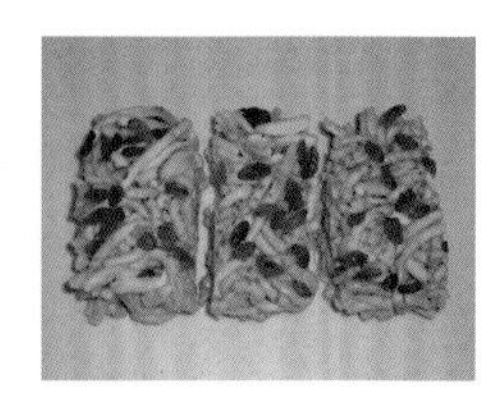

12
晾凉定形后取出切块即可。

1 面粉中加入鸡蛋，做出的萨其马口感更加酥松。若将鸡蛋的分量减少 10 克，面片切条时就不会那么黏软，但成品的口感也会稍硬一些。

2 如果擀面团或切面条时粘连了，可以撒少许高筋面粉或刷少许植物油。

3 第 05 步检验油温是否适宜的方法：放入一根面条试验一下，若面条立即浮起，表明油温适宜。

4 面条在炸的过程中会膨胀变粗，因此切面条时要尽量切得细一些。

5 熬糖浆时尽量选用平底不粘锅，这样在熬的过程中以及翻拌面条时会更便捷省力。

6 熬糖浆时，加热至液体变得黏稠且冒出密集的泡泡时用筷子蘸取一点儿糖浆，待稍凉后，用食指和拇指轻捏一下，若能拉成丝，说明熬煮到位了。

7 萨其马刚做好后立即食用口感最佳，放至第二天口感会变硬。

枣泥奶卷

原料

全脂纯牛奶 820 克、细砂糖 2 大勺、酒酿汁 255 克、白醋 1/4 小勺、冰糖枣泥（做法参考本书第 96 页）150 克

做法

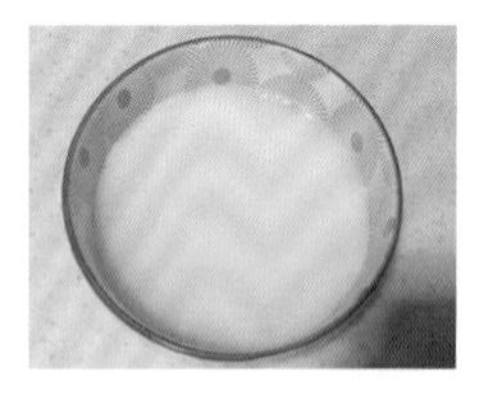

01
酒酿汁和白醋倒入碗中，搅拌均匀。酒酿白醋汁就做好了。

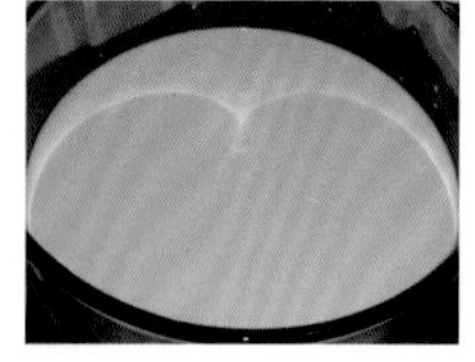

02
牛奶和糖倒入锅中，中小火加热并搅拌，直至四周冒出小气泡。

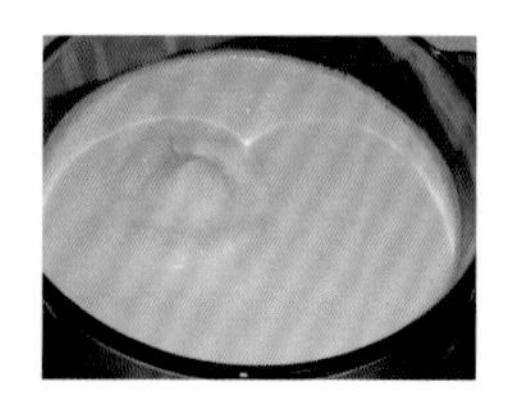

03
加入酒酿白醋汁，继续加热并搅拌，锅中会凝结起絮状物。

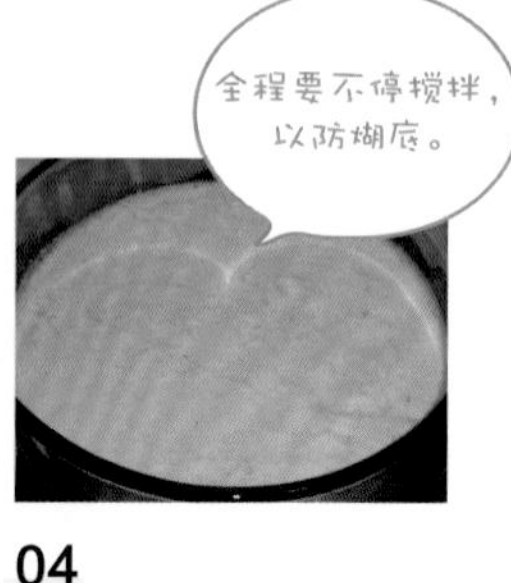

04
絮状物会变得越来越厚实并浮在表面上，关火。

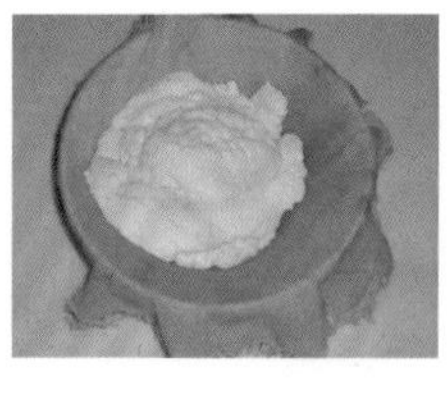

05
用滤网将絮状物捞出放在笼布上。

06
静置至不烫手时用笼布包起，将乳清挤出。

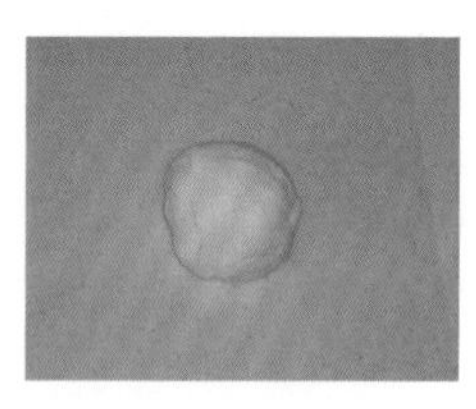

07
打开笼布，将絮状物用手揉光滑。

08
分成小剂子，搓长按扁后放在保鲜膜上。

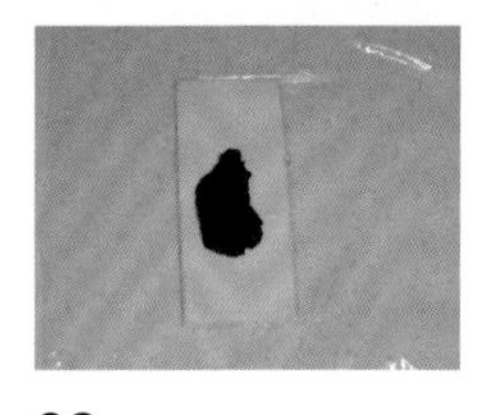

09
擀成长约 10 厘米、宽 4 厘米的椭圆形。切去不规则的四边，放约 20 克冰糖枣泥。

10
用勺子摊平后直接用手卷起即可。

1 400 克酒酿能挤出约 290 克酒酿汁。

2 一定要使用全脂纯牛奶，牛奶和酒酿汁的比例约为 3:1。

3 用铁锅煮牛奶会使牛奶颜色发黑，而且容易有奶腥味，因此最好使用玻璃锅或不锈钢锅。

4 挤出的半透明的黄绿色物质是乳清。乳清营养丰富，不要浪费，可以和番茄或猕猴桃放在一起打成果汁饮用，口感非常好。乳清和水果的比例约为 1:1 即可，也可根据个人口味酌情调整。

冰糖枣泥

原料

红枣200克、冰糖60克、植物油30克、水适量

做法

1. 将红枣洗净，竖着切一刀（①），取出枣核。

2. 处理好的红枣全部放入电饭锅，加水没过红枣 1~2 厘米（②）。

3. 选择煮饭模式，待电饭煲自动跳转为保温模式后取出（③）。

4. 煮好的红枣倒入碗中，加入适量水，水量以能将红枣打成细腻的糊为准。

5. 用手持式料理棒将红枣打成糊（④），倒入滤网过滤出细腻的枣泥（⑤）。

6. 枣泥倒入炒锅，加入冰糖和油（⑥），小火不停翻炒（⑦），炒至枣泥干稠、几近凝固时即可（⑧）。

木棉笔记

步骤 02 所加水量需要根据红枣的干燥程度来判断。若红枣较湿润，则水量与枣持平即可。

小豆羊羹

原料

琼脂 2 克、水 90 克、红豆沙 90 克、细砂糖 10 克、盐 1 小撮

做法

01 将琼脂洗净，和水一起倒入锅中浸泡 20 分钟。温度高于 42℃时，琼脂会开始溶化，当温度降到 40℃以下时，琼脂便会凝固，所以要用冷水来浸泡琼脂。浸泡后的琼脂吸足了水分，能更快地溶化。

02 开小火加热，不停搅拌直至琼脂全部溶化，加入其余的原料。如果使用市售袋装豆沙馅，则不用再额外加糖。制作时加入一点点盐，能使成品口感清甜且不腻。

03 朝一个方向搅拌，直至混合均匀。

04 煮沸后立即关火，倒入刷有一层熟植物油的耐高温保鲜盒中晾至凝固。脱模后切块即可。

红豆和果子

原料

白色米团：大米粉 120 克、糯米粉 10 克、水 70 克
黄色米团：大米粉 120 克、糯米粉 10 克、栀子水 70 克
馅料：红豆沙 80 克

做法

01
将大米粉和糯米粉混合均匀后倒入2个碗中，分别加入水和栀子水。

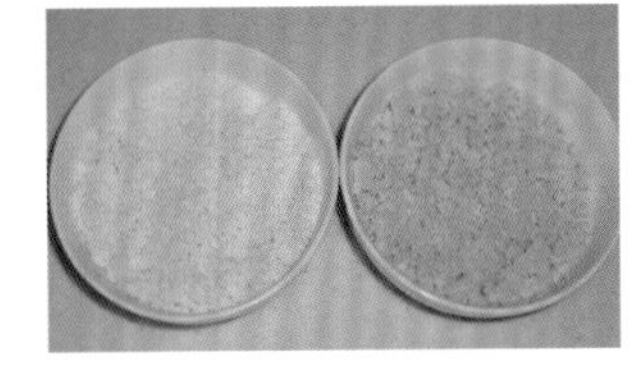

02
拌匀后用手搓散，分开放入双层蒸笼，上锅蒸20分钟．

03
蒸好后取出，用手揉至表面光滑，分别擀成0.2厘米厚的薄片。

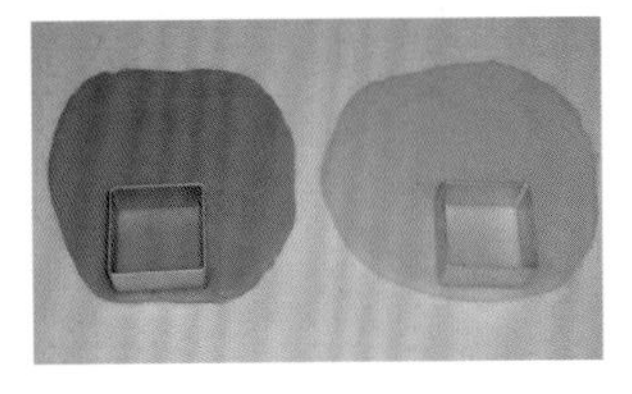

04
用4.5厘米 ×4.5厘米的方形模具按压。

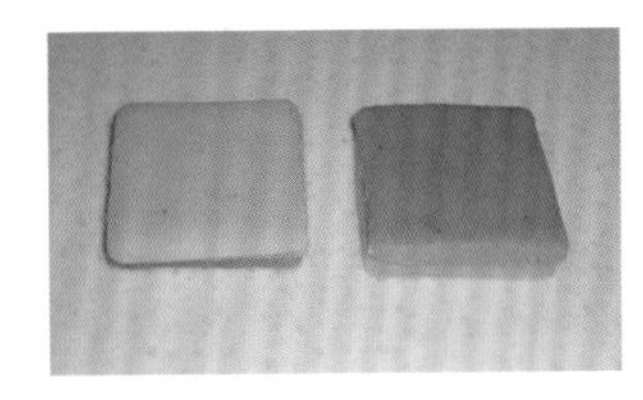

05
压出白色和黄色的米片，2个一组上下叠放在一起。

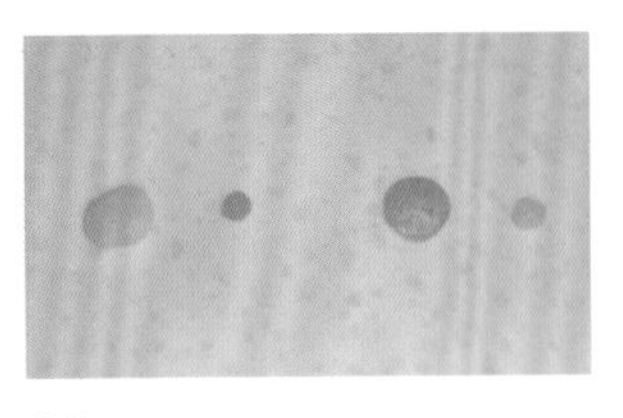

06
将边角料做成圆形的小薄片和圆珠备用。

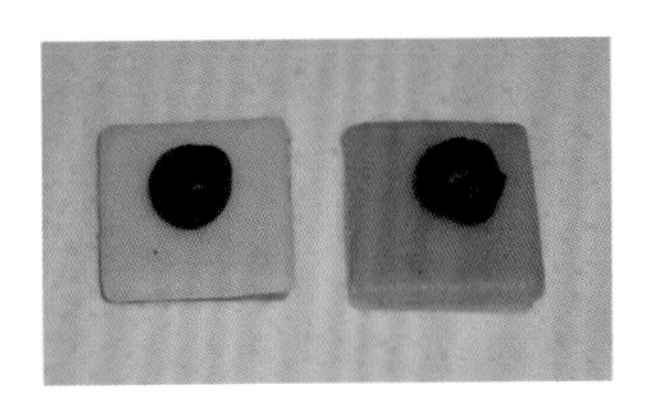

07
在双色米片的中间位置放4克红豆沙。

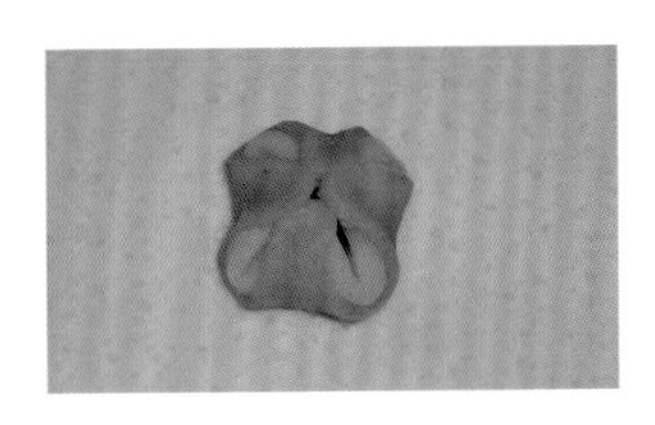

08
在四角的位置涂抹少许水以增加黏度，然后用手将对角捏合。

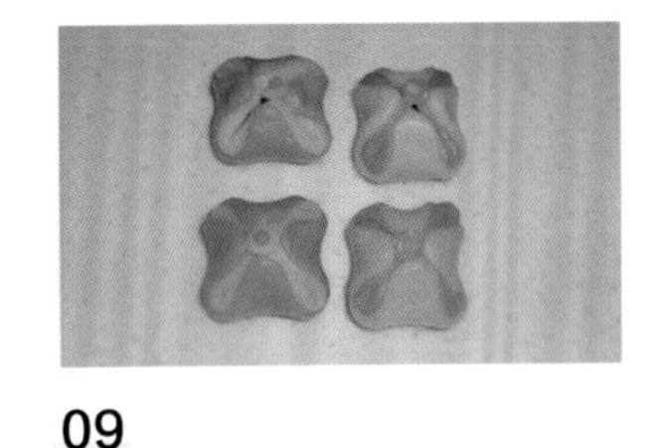

09
再将步骤06中做好的小薄片和圆珠放在上面，食用时在表面刷薄薄的一层熟植物油。

1 把栀子掰碎放入水中，煮10分钟即是栀子水，一次可多煮一些，放在冷藏室内储存。

2 不同季节米粉的吸水量不同，水量可酌情增减。米团要和得稍软一些，能捏合即可。

3 红豆沙做法参见第86页。

蜂蜜黄油小麻花

原料

中筋面粉 500 克、细砂糖 50 克、蜂蜜 10 克、水 200 克、黄油 25 克、小苏打 2 克

做法

01
原料全部倒入容器中。

02
用筷子搅拌至水全部被吸收。

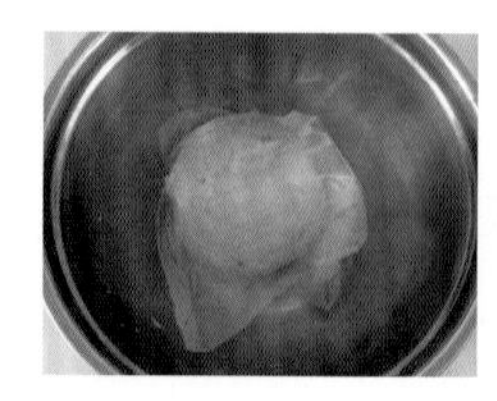

03
倒在台面上，用手揉成团，放入盆中并盖上保鲜膜。

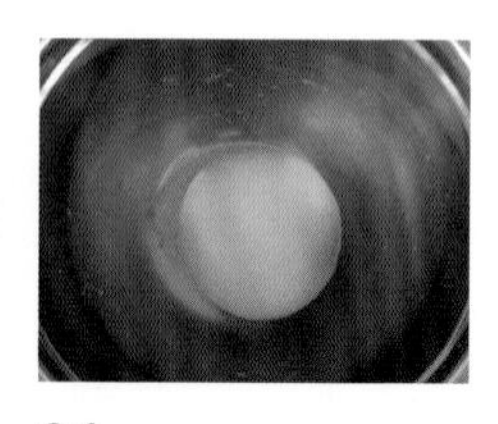

04
饧 30~45 分钟后取出，继续用双手将面团揉搓至如图所示的状态。

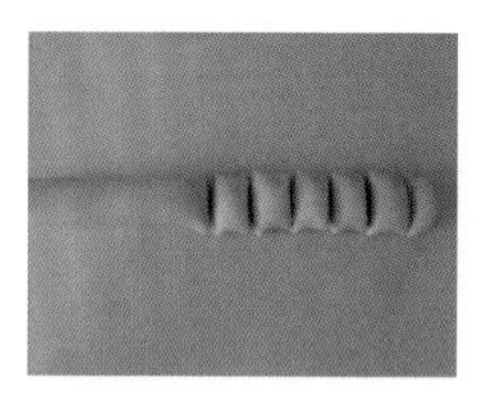

05
放在台面上，搓成长条，等分成 20 克 / 个的小面团，盖上保鲜膜，松弛 10 分钟。

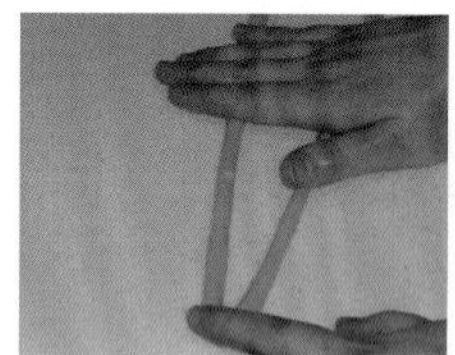

06
取一个小面团，用手搓成长 50 厘米的长条并对折。

07
左手扣住对折的一端，右手朝着自己的方向将长条搓至上劲。

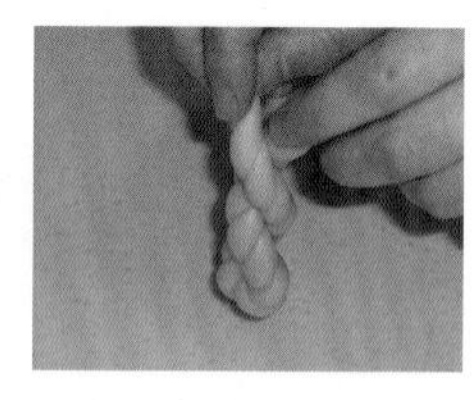

08
提起两端，长条会自动旋转并拧在一起。将右手拎着的一端塞入左手一端的口中。

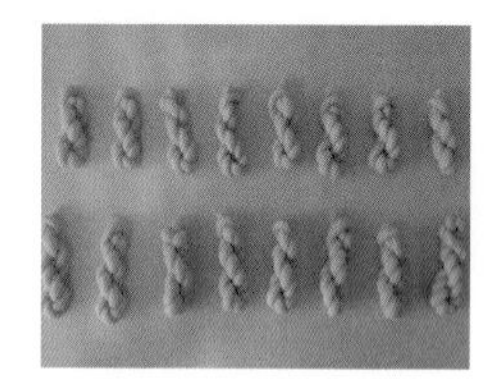

09
重复步骤 06、07、08，依次拧好其他小麻花。

10
锅中放入足量植物油，中火加热至油温适宜后，开始炸麻花。

11
炸至麻花表面金黄酥脆，不再有油泡冒出时捞出。

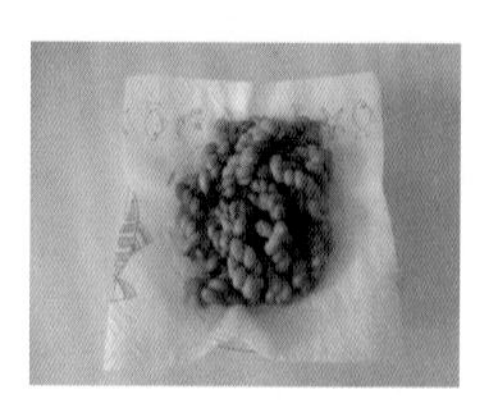

12
放在厨房纸上吸去多余的油。

Tips

① 黄油要熔化后再加进去。

② 步骤 03 中揉成团即可，经过一段时间的静置，面团的延展性会得到充分的释放，后续再揉至光滑，可达到事半功倍的效果。

③ 炸麻花时油不能太热，否则一下锅就会上色太深，容易出现外面煳了里面还是生的的现象。放入一小块面团，如果立即浮起且旁边冒出很多油泡，就表明油温是合适的。

抹茶铜锣烧

原料

铜锣烧饼皮

A：鸡蛋 33 克、蜂蜜 12 克、牛奶 60 克、水 7 克、玉米油 20 克

B：低筋面粉 100 克、糖粉 55 克、小苏打 2 克

抹茶馅：白芸豆 150 克、抹茶粉 5 克、细砂糖 90 克、蜂蜜 25 克、玉米油 40 克

其他：水 180 克

做法

01
白芸豆洗净放入碗中，加入足量的水，充分浸泡24小时后去皮。

02
将泡好的去皮白芸豆放入电饭煲。

03
加水高过白芸豆一指，选择煮饭模式，待电饭煲自动跳转后取出白芸豆。

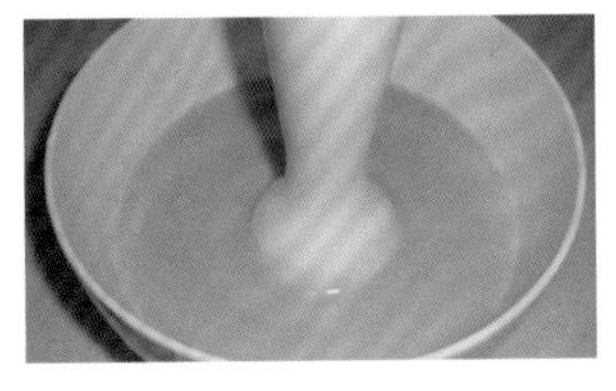

04
在白芸豆中加入约180克水，用手持式料理棒打成糊状。

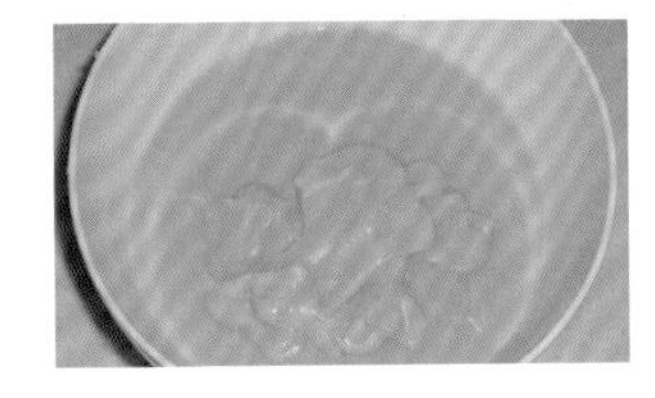

05
放在滤网上过滤，得到细腻的白芸豆泥。

06
白芸豆泥倒入炒锅，加入细砂糖和蜂蜜。

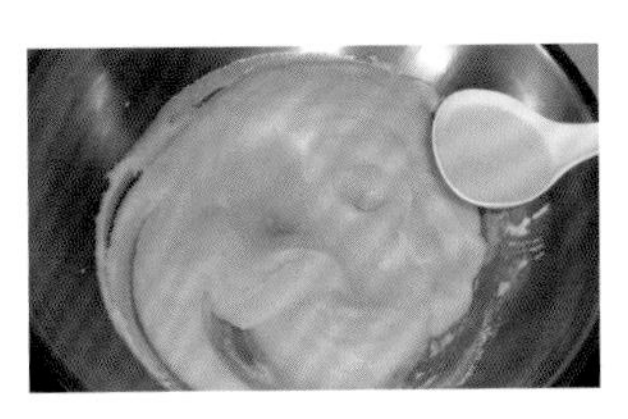

07
小火不停翻炒至糖完全化开后，加入玉米油。

08
继续翻炒至白芸豆泥颜色变深，几近无法流动。

09
加入抹茶粉，翻炒至豆沙完全吸收抹茶粉，制成的就是抹茶馅。

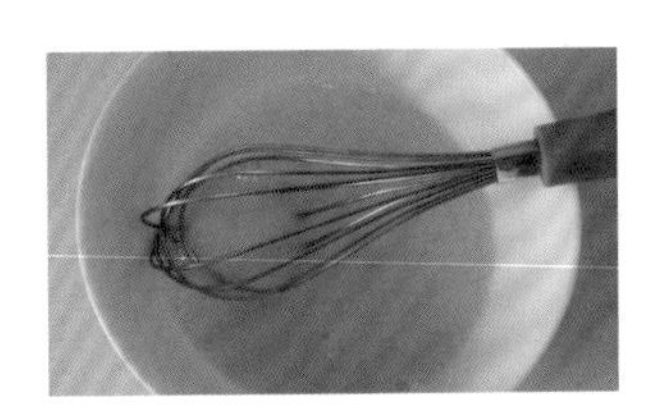

10
原料A全部倒入碗中，用手动打蛋器搅拌均匀。

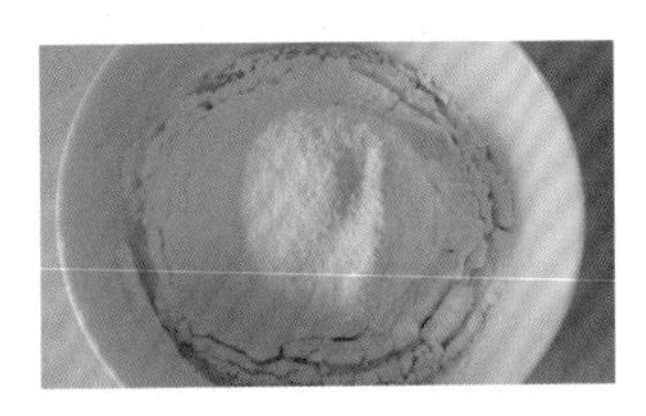

11
加入过筛的原料B。

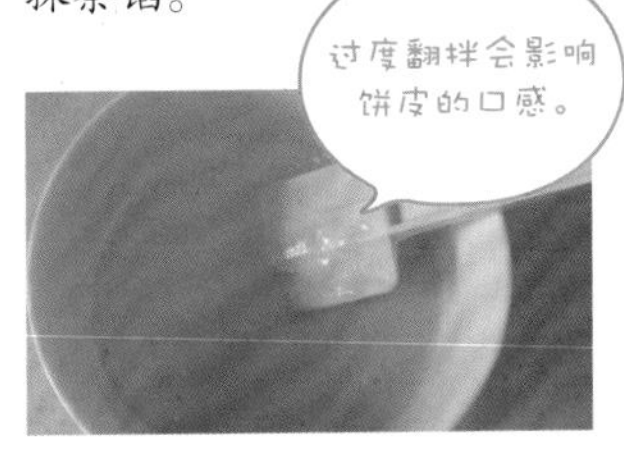

12
用刮刀翻拌均匀，封上一层保鲜膜，放入冰箱冷藏室内静置至少60分钟。

13

取一口平底不粘锅，中火加热，预热到位立即转小火，取一小勺面糊倒入锅中。

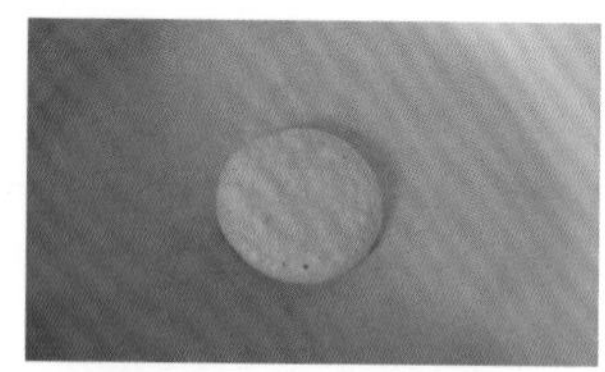

14

小火加热，待饼皮表面出现均匀的气泡时，翻面。

15

继续加热约 12 秒后，取出放在晾网上晾凉。

16

取一张饼皮，在上面放适量抹茶馅。

17

在馅料上覆盖一张饼皮，铜锣烧就做好了。

1. 如果没有不粘锅，可用厨房纸蘸取少许玉米油，在锅底涂抹薄薄的一层油。
2. 抹茶馅冷藏可保存一周，冷冻可保存两周。
3. 步骤 04 中加入的水量，以能将白芸豆打成细腻的糊为准，可根据实际情况酌情调整。
4. 加入蜂蜜，可以在炒干白豆沙中水分的同时，保持豆沙湿润的口感，同时也能增加风味。
5. 第 12 步如果时间充裕，建议冷藏过夜，这样做出的饼皮口感更加松软，色泽也更好。
6. 第 13 步中，加热至在锅中滴几滴清水，如果能立即产生气泡，即表明预热到位；如果滴入的水滴立马蒸发，说明温度过高了。

米布丁

原料

凉米饭 100 克、牛奶 200 克、糖 20 克

做法

01 凉米饭、牛奶和糖倒入锅中，搅拌均匀。凉米饭和牛奶的比例以 1∶2 为佳。

02 中火煮开后立即转小火，继续煮约 8 分钟，至米饭黏稠。要全程小火，并朝一个方向不停搅拌，以防煳底。

03 煮好的牛奶米粥倒入碗中。

04 用手持式料理棒打成细腻的糊。

05 倒入耐高温且无油无水的干净玻璃瓶中，晾凉后放入冰箱冷藏 4 小时即可。取出后搭配果酱或黑糖牛奶酱食用口感最佳。

凤梨蛋黄酥

原料

酥皮：低筋面粉 45 克、全脂奶粉 18 克、黄油 38 克、鸡蛋 12 克、糖粉 10 克、盐 1/8 小勺
馅料：咸蛋黄 4 个、凤梨馅

做法

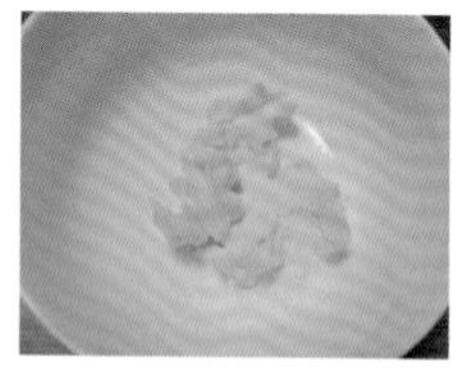

01
将黄油放在室温下软化后和糖粉、盐一起倒入碗中。

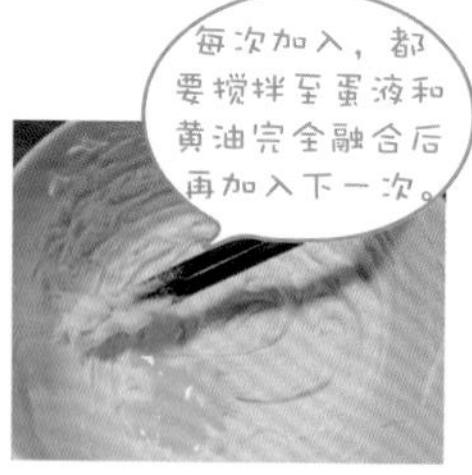

02
顺时针打发至膨松发白后，分 3 次加入打散的蛋液。

03
倒入低筋面粉和全脂奶粉。

04
搅拌至没有干粉，制成酥皮面团。咸蛋黄一切为二。

05
凤梨馅分成 18 克 / 个的份，揉圆后按扁，放半个咸蛋黄。

06
收口，包裹住咸蛋黄后揉成团。

07
酥皮面团等分成小剂子，每个约 15 克。

08
酥皮面团揉圆后按扁，在上面放上凤梨咸蛋黄球。

09
包好，捏紧收口处。

10
模具放在烤盘上，将蛋黄酥放入模具中。

11
用手按平，并依次做好其他的。

12
放入预热好的烤箱的中层，175℃烤 16~18 分钟至表面金黄。

① 打发黄油时，如果黄油分量较少，可用筷子搅拌至黄油发白且膨松，分量多时可借助打蛋器打发。

② 凤梨酥的酥皮和馅料的比例以 2:3 为佳，但此配方凤梨馅中有咸蛋黄，所以在计算凤梨馅的重量时，要记得刨除咸蛋黄的重量。

③ 将黄油切成小块，在室温下静置至用手指轻按会出现一个坑时，黄油就软化好了。

④ 烤好的凤梨酥放进保鲜盒中静置一晚让馅料和酥皮充分融合味道会更佳。

绿豆蛋黄酥

原料

水油皮：中筋面粉 75 克、糖粉 15 克、猪油 15 克、黄油 12 克、水 30 克
油酥：低筋面粉 60 克、猪油 30 克
馅料：绿豆沙 208 克、咸蛋黄 8 个、高度白酒少许
其他：蛋黄液适量、黑芝麻少许

做法

01
咸蛋黄依次放入盛有白酒的碗中，滚一圈后放入烤盘。

02
烤盘放入烤箱中层，上下火180℃，烤7分钟。

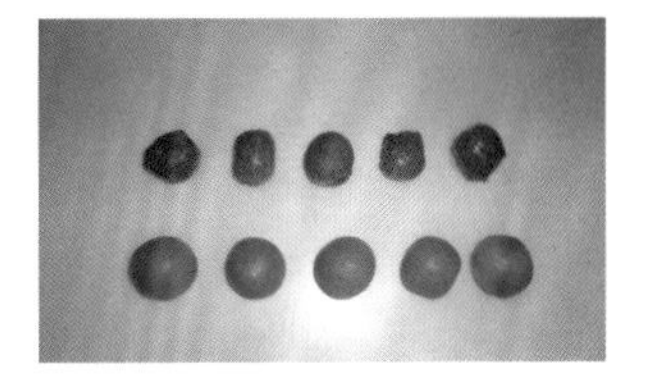

03
将绿豆沙等分成26克/个的剂子，滚圆。

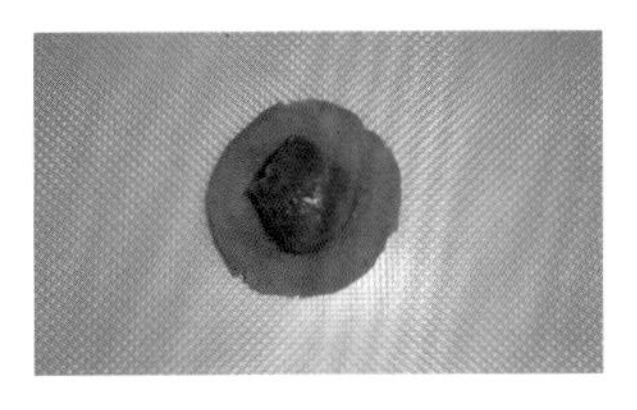

04
按扁后放上烤好的咸蛋黄。

05
收口包裹住咸蛋黄后，用双手搓圆，馅料就做好了。

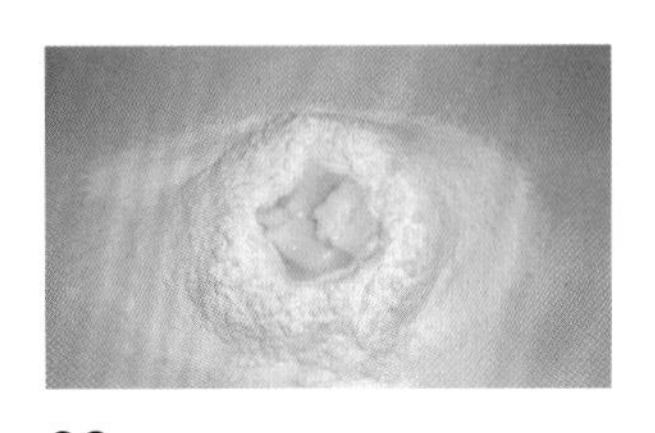

06
中筋面粉和糖粉混合后倒在台面上，在中间加入室温下软化好的黄油、猪油和水，混合均匀。

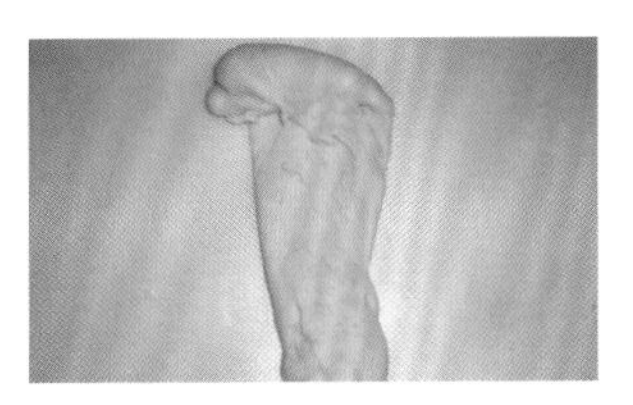

07
左手按住面团，右手掌根将面团向前推，像洗衣服一样反复揉搓面团，干粉会逐渐消失。

08
继续搓揉，至面团产生筋度且表面变得光滑。

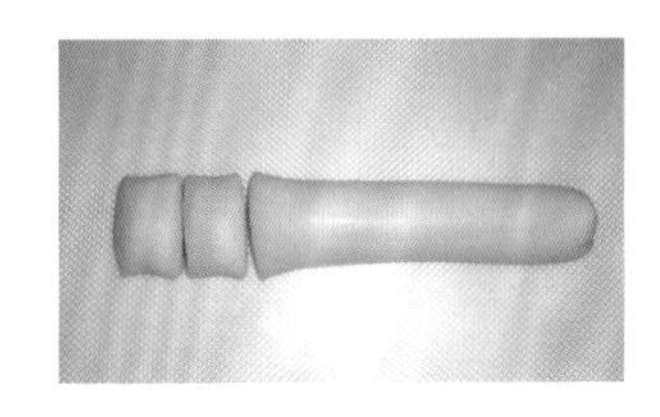

09
等分成8个剂子，盖上保鲜膜备用。

10
油酥原料全部倒入碗中，用手将猪油和面粉抓揉均匀，制成的就是油酥。

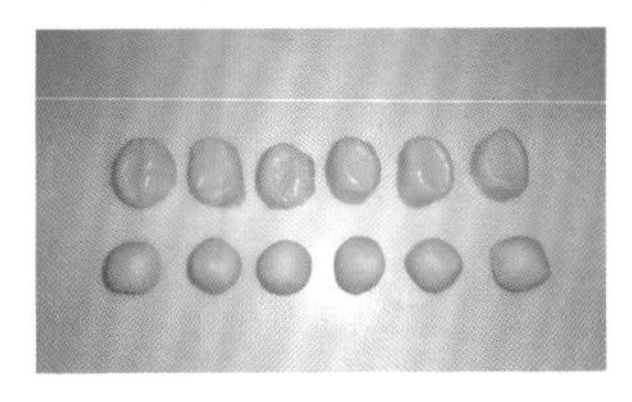

11
同样等分成8份，搓圆。

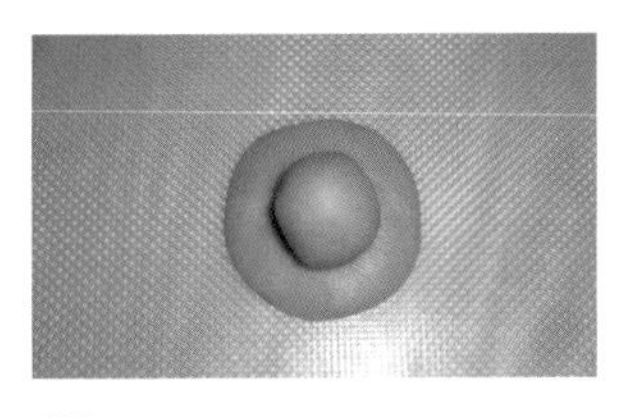

12
取一个水油皮面团，用手掌按扁，在上面放一个油酥球。

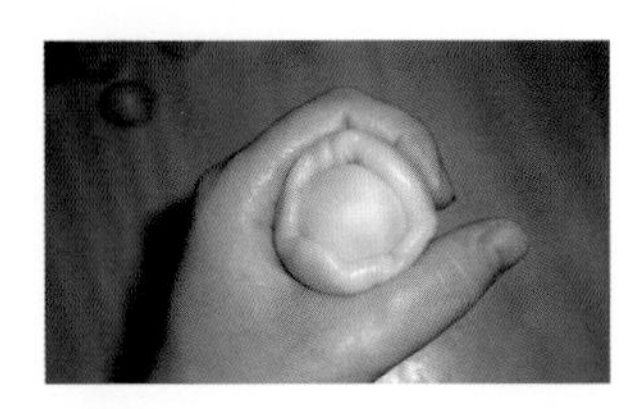

13

收口并捏紧。收口朝下，单手滚圆，盖上保鲜膜，松弛20分钟。

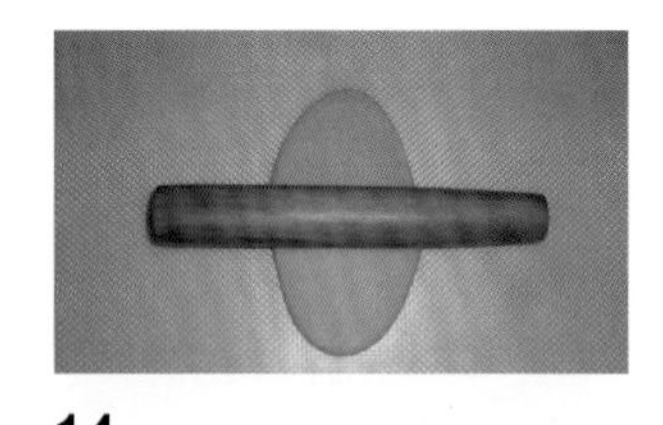

14

松弛好之后用手掌按扁，再用擀面杖擀成椭圆形。由下向上卷成圆柱状，盖上保鲜膜，再松弛20分钟。

15

松弛好之后再次擀开并卷起，再次松弛20分钟。

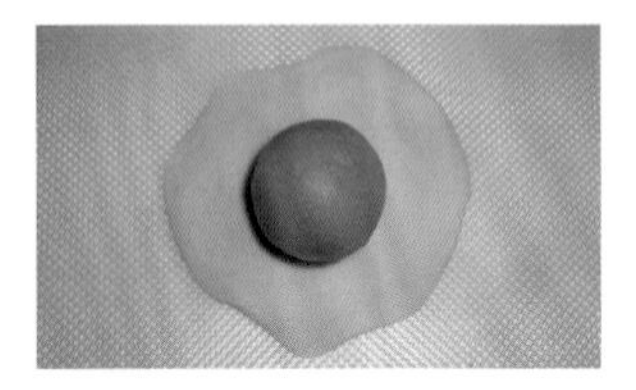

16

松弛好之后对折并用手掌按扁，擀成圆形，放上步骤05中做好的馅料。

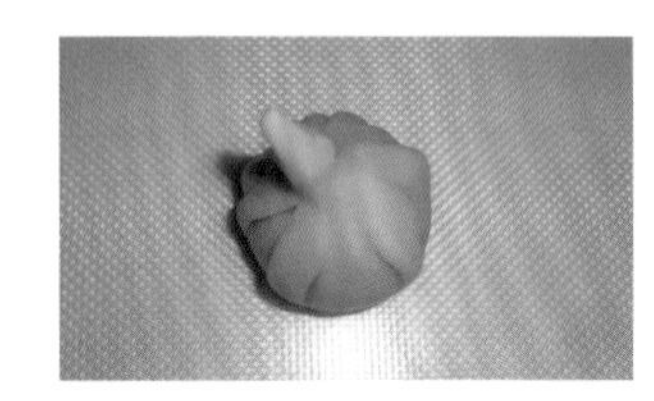

17

水油皮面团收口至完全包裹住油酥球后，捏紧收口，揪去多余的面团。

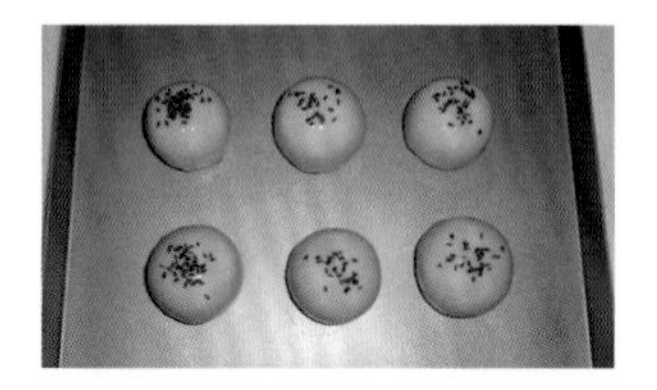

18

收口朝下放在烤盘上，刷上蛋黄液，撒上黑芝麻，放入预热好的烤箱中层，上下火，175℃，烤约30分钟即可。

Tips

1. 咸蛋黄蘸过白酒，可以起到去腥增香的作用。
2. 第08步时，用刮板切一小块面团，轻轻地拉开，若能拉出薄膜，就表明水油皮面团揉好了。
3. 将水油皮面团揉至能拉出薄膜的状态，才有足够的韧性包裹住油酥，烘烤时外皮才不易开裂。

草莓白巧克力

原料

草莓脆 10 个、牙签 10 根、白巧克力 100 克

做法

01 将牙签从草莓脆底部插入。

02 白巧克力放入碗中，隔着温水加热，至巧克力完全熔化。

03 草莓脆浸入白巧克力酱中，让草莓脆表面均匀包裹上一层巧克力酱，晾干后食用。

盛放巧克力的碗要无油无水，隔水加热时，水温要控制在 30~60℃，若水温低于 30℃则巧克力不易熔化，若超过 60℃则容易造成油脂分离，还容易出现粗糙的颗粒。

巧克力豆麻薯

原料

A：麻薯预拌粉 100 克、奶粉 3 克、盐 1 克、鸡蛋 33 克、水 35 克
B：黄油 20 克、耐烤巧克力豆 12 克

做法

01
将原料 A 倒入碗中，用筷子大致拌匀。

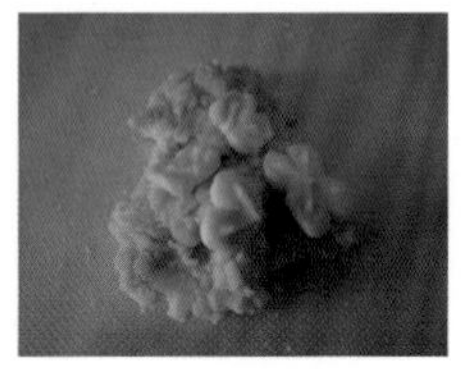

02
倒在硅胶垫上，加入事先在室温下软化好的黄油。

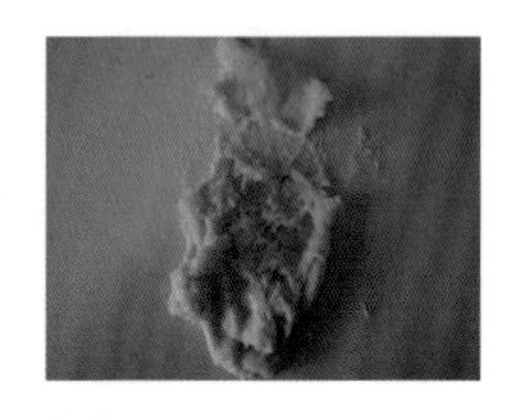

03
左手按住面团，右手掌根将面团向前推，像洗衣服一样反复揉搓面团。

04
耐心揉搓一会儿后，黄油会逐渐融入面团，当面团开始变得细腻且有光泽时，加入巧克力豆。

05
揉匀。

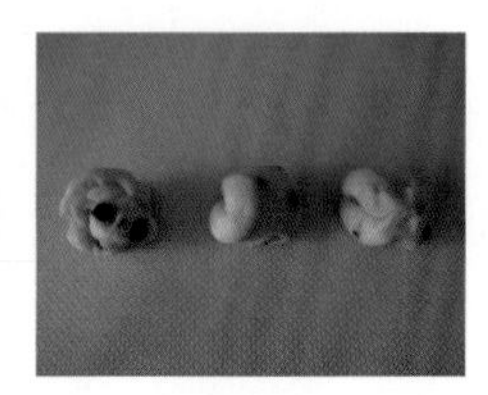

06
分割成 20 克 / 个的小面团。

07
单手滚圆后，放入烤盘中。

08
放入预热好的烤箱中层，上下火 180 ℃，烤约 10 分钟，待麻薯膨大定形后，将温度调至 135℃，继续烘烤 10~15 分钟，至表面上色且能闻到明显的香味时即可。

① 加入黄油后一定要耐心地将面团揉匀，否则烤出的麻薯皮会很厚，而且口感不好。刚开始黄油很难揉入面团中，并且会使面团变得软烂，借助刮板将软烂的面团聚拢起来，继续揉搓。
② 烘烤麻薯时分两个阶段，开始需要用高温让麻薯膨胀定形，定形后要调低温度，否则外皮烤煳了，里面可能还没有熟。注意，烘烤时不要打开烤箱门，否则麻薯会回缩塌陷。
③ 巧克力豆可换成蔓越莓干、黑加仑葡萄干或黑芝麻。

蛋黄派

原料

蛋糕：鸡蛋 105 克、蜂蜜 12 克、细砂糖 75 克、低筋面粉 96 克、杏仁粉 6 克
蛋黄酱：蛋黄 50 克、牛奶 200 克、细砂糖 53 克、低筋面粉 12 克、玉米淀粉 7 克、黄油 12 克、淡奶油 115 克
其他：黄油 1 小块（用来涂抹模具）、高筋面粉适量

做法

01

取小块黄油均匀涂抹在模具内壁，并筛上薄薄的一层高筋面粉。

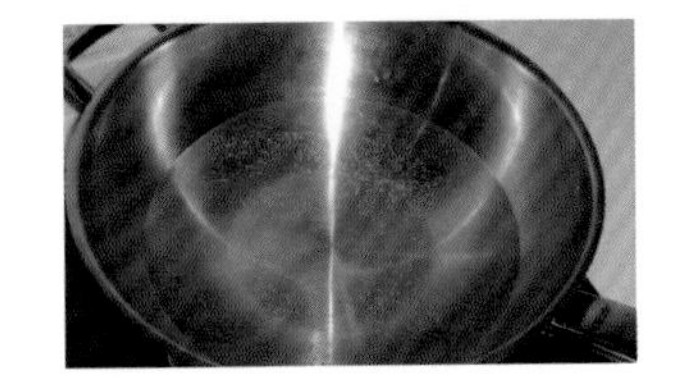

02

锅中放入适量水，开火加热至40℃，关火备用。

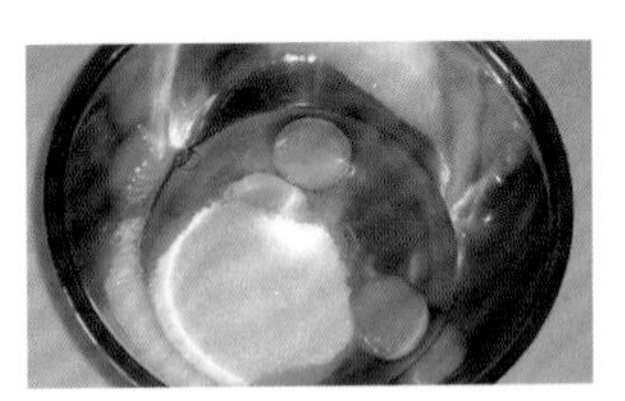

03

将鸡蛋、蜂蜜和75克细砂糖全部倒入打蛋盆，放入步骤02的温水锅中。

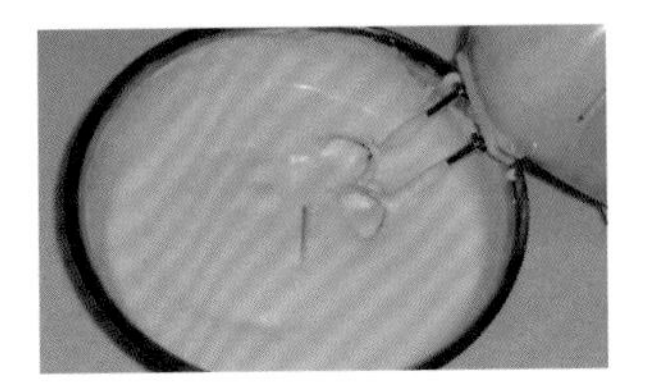

04

隔着温水打发，待蛋糊有很明显的纹路且十分黏稠时，插入牙签，若直立不倒即表明打发完成。

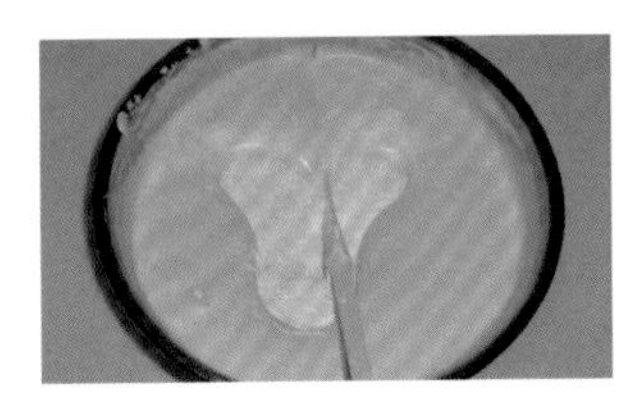

05

96克低筋面粉和杏仁粉过筛后，分2次加入，从12点钟的位置，也就是正上方切入刮刀，一直切到6点钟位置。

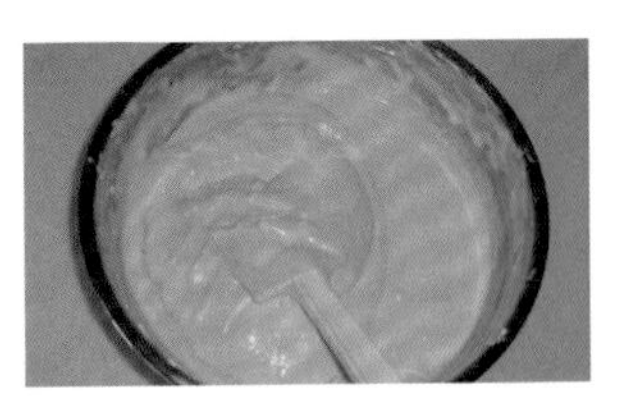

06

从6点位置向12点位置顺时针从下往上翻拌，同时左手逆时针方向转动打蛋盆，翻拌至蛋糕糊无干粉且细腻。

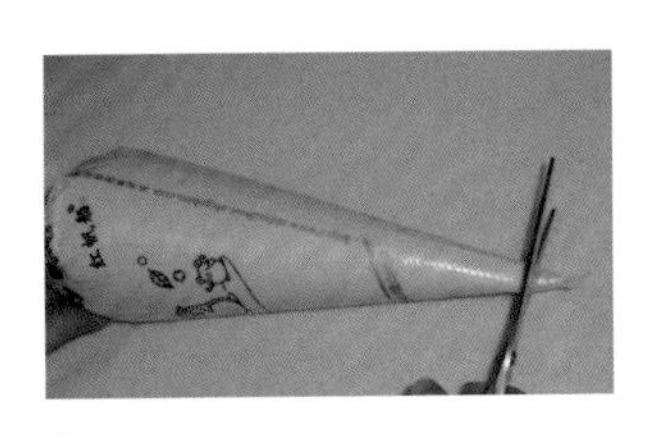

07

倒入裱花袋，在底部剪一个小口。

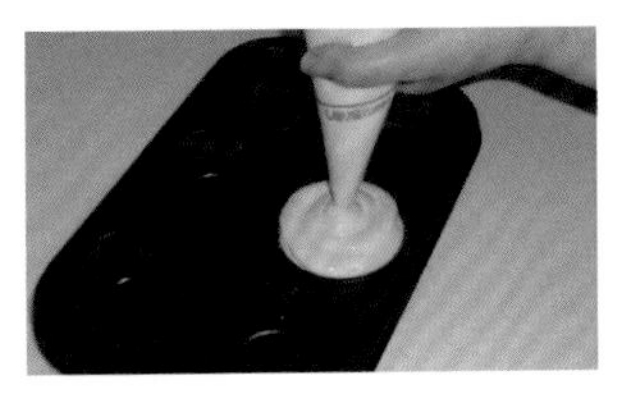

08

将面糊挤入六连模中，让面糊和模具的高度持平。

09

挤好后，放入预热好的烤箱中层，上下火170℃，烘烤约16分钟至表面金黄。

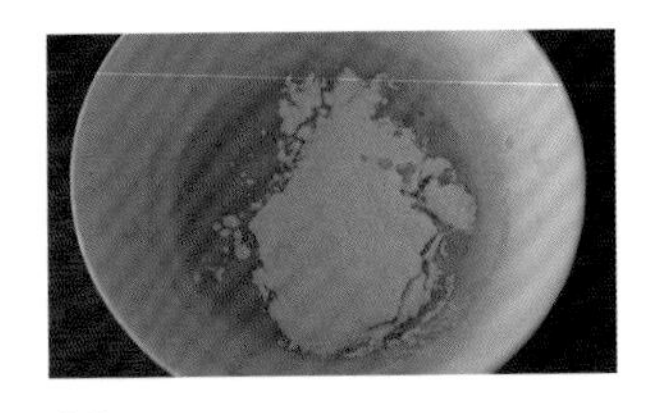

10

蛋黄倒入碗中，用打蛋器搅打至膨松浓稠后筛入12克低筋面粉和玉米淀粉。

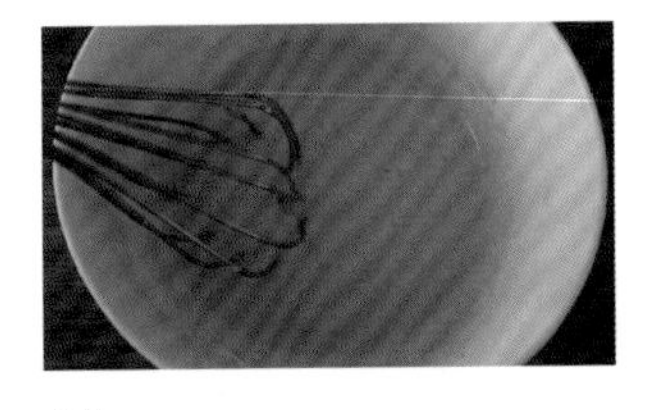

11

用打蛋器继续搅打至混合均匀，蛋黄糊就做好了。

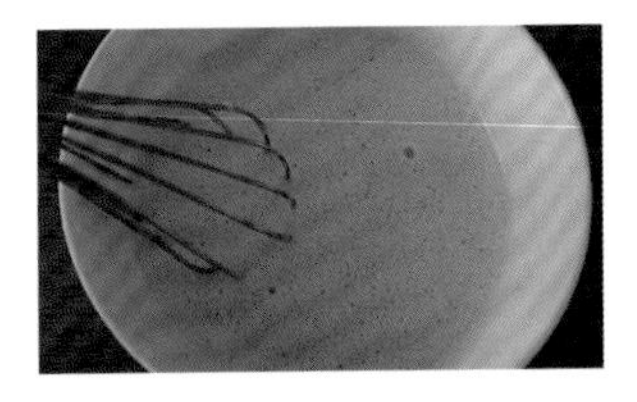

12

牛奶和53克细砂糖倒入奶锅，小火加热，搅拌至糖全部溶化，关火。

13

取1/3慢慢倒入蛋黄糊中，边倒边搅拌，搅匀后，将剩余的牛奶糖液全部倒入碗中，搅匀过滤，倒回奶锅。

14

小火加热，不停搅拌，直至牛奶蛋黄液浓稠细滑，关火。

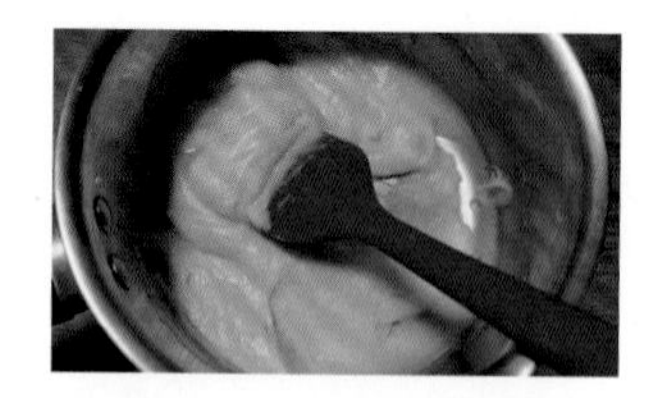

15

加入切成小块的12克黄油，用余温熔化黄油，快速拌匀后将奶锅放入冰水盆，快速冷却。

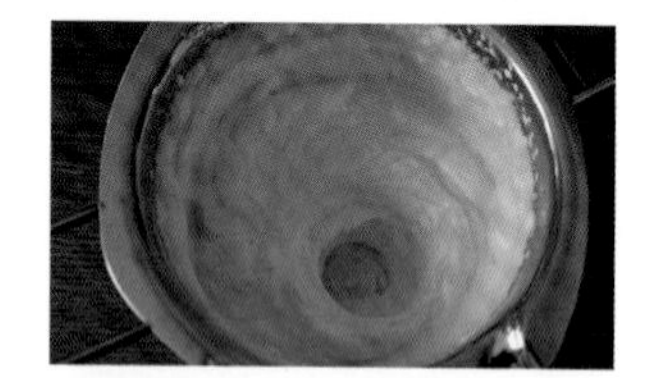

16

将冷藏12小时以上的淡奶油倒入碗中。用电动打蛋器，中速打发至无法流动、膨松，并且有明显纹路。

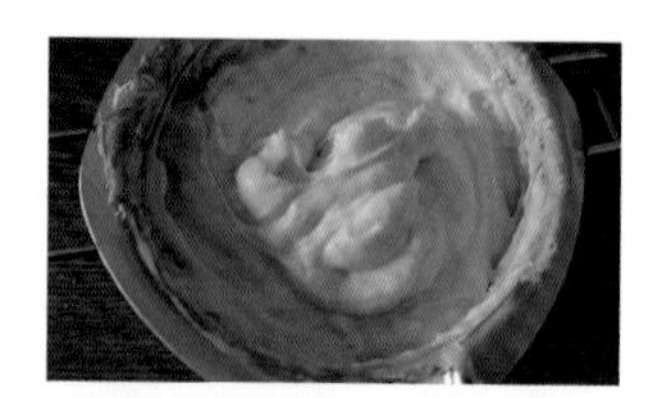

17

将打发好的淡奶油和冷却后的牛奶蛋黄糊充分拌匀，蛋黄酱就做好了。

18

蛋黄酱装入裱花袋，用泡芙花嘴从蛋糕侧面插入，挤入适量蛋黄酱。

1. 海绵蛋糕成功有三大关键，一是全蛋要打发到位，稳定的蛋糊在后期翻拌时才不会消泡。打发全蛋时温度维持在40℃左右最易打发，所以要事先备好一锅40℃温水，温度过高也不利于打发；二是烘烤温度要合适，温度过高，外皮焦煳内里还未熟，一出炉就会塌陷。而温度过低，烘烤时间延长会造成蛋糕膨胀得不高且口感发黏；三是翻拌手法，因为反手翻拌的力度较为轻柔，加之逆时针转动打蛋盆，翻拌时才不易消泡。不要画着圈搅拌，否则蛋糊容易消泡。
2. 打发全蛋时，若一直高速打发，空气过快进入蛋糊，会使蛋糊不稳定，蛋糕的组织会较粗，口感也会较干。
3. 蛋糊的颜色逐渐发白、越来越浓稠时将打蛋器调成低速可将蛋糊中的大气泡打出，蛋糊才足够稳定不易消泡，蛋糕组织也会比较细腻。
4. 此配方建议分2次筛入粉类。
5. 淡奶油要在冰箱冷藏至少12小时再使用，否则不易打发。夏季可将碗放入冰水中，有助于打发。
6. 步骤18中建议用泡芙花嘴挤蛋黄酱，在底部剪个小口将花嘴挤出1/3后使用。

酸奶奶豆

原料

全脂奶粉 12 克、原味炼乳 10 克、脱水酸奶 2 克

做法

01 将原料全部倒入碗中。

02 用小勺翻拌至没有干粉状后，用手揉成团。

03 等分成 12 个小剂子，用手搓成小球即可。

Tips

1 脱水酸奶的用量不能过多，否则奶豆容易裂开，外表也不光滑。脱水酸奶的做法参见第 118 页。

2 不同品牌的炼乳的黏稠度不同，用量可酌情增减，以能搓成光滑的圆球为宜。

脱水酸奶

原料

酸奶200克

做法

1. 将过滤盒放入大碗中，铺上干净的笼布（①），倒入酸奶（②）。

2. 将笼布四角叠起盖住酸奶，过滤盒加盖（③）放入冰箱冷藏室内静置一晚后取出，碗中滤出的液体即是乳清，留在细纱布中的固形物就是脱水酸奶。

木棉笔记

1. 200 克酸奶约能过滤出 76 克脱水酸奶和 120 克乳清。
2. 如果没有过滤盒，可用面粉筛或滤网代替。
3. 乳清营养丰富，可以按 1∶1 的比例和番茄一起搅打成蔬果汁饮用。

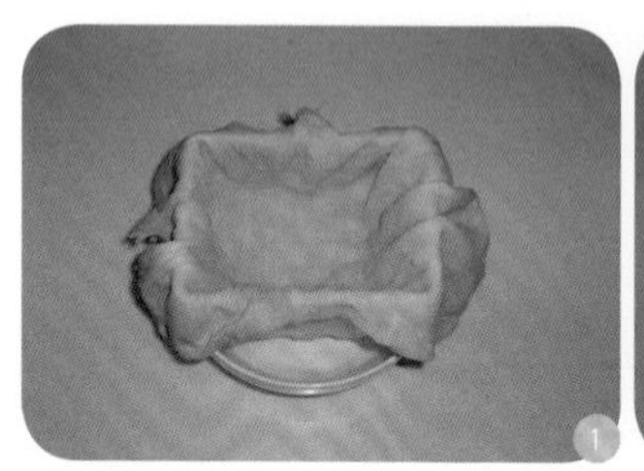

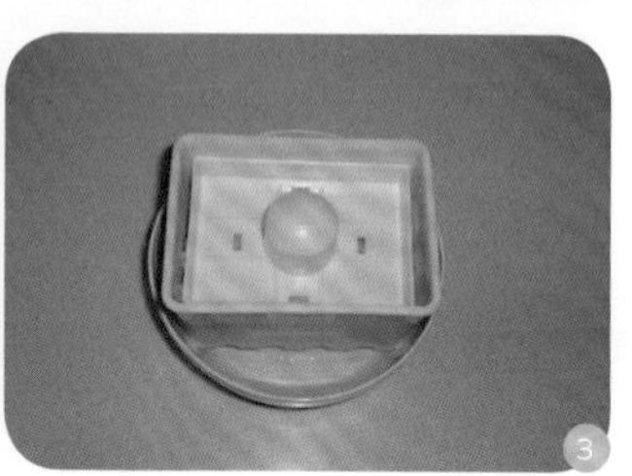

网红棒棒糖

原料

淡奶油 90 克、细砂糖 50 克、水饴 17 克、炼乳 10 克

做法

01 将原料全部倒入锅中，中火煮开后朝一个方向不停搅拌，以防煳底。

02 在加热过程中，细砂糖会全部溶化，液体也越来越浓稠，并不停地冒出密集的泡泡。

03 转小火继续加热并搅拌至液体十分黏稠，呈几乎无法流动的糊时关火。用木铲铲起少许糖糊，如果糖糊滴落得很慢，并且不会立即和锅中的糖糊融合，而是先摊成一小堆才慢慢融入，说明熬煮到位。糖糊熬煮的时间越短，口感越软；时间越长，口感越硬。注意不要熬煮过头，否则会熬出淡奶油中的油脂，这样做出的棒棒糖容易酥裂成小块。

04 借助耐高温硅胶刮刀，将糖糊倒入硅胶模，插入纸棒，用刮刀将多余的糖糊刮平，晾至完全凝固，即可脱模食用。不要先将纸棒放入模具内，否则因为角度倾斜的原因，棒棒糖有一面容易露出纸棒。

奶油花生糖

原料

熟花生米 200 克、细砂糖 125 克、黄油 12 克

做法

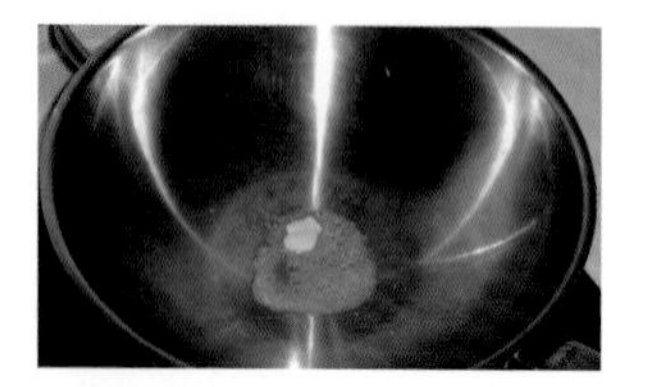

01

锅中放入黄油，开中小火加热至全部熔化。

02

倒入细砂糖，用木铲不停搅拌，使细砂糖均匀受热，以防煳底。

03

一部分糖会凝结成小颗粒，这时要用木铲快速将其碾碎，否则最后做出的糖无法全部透明。

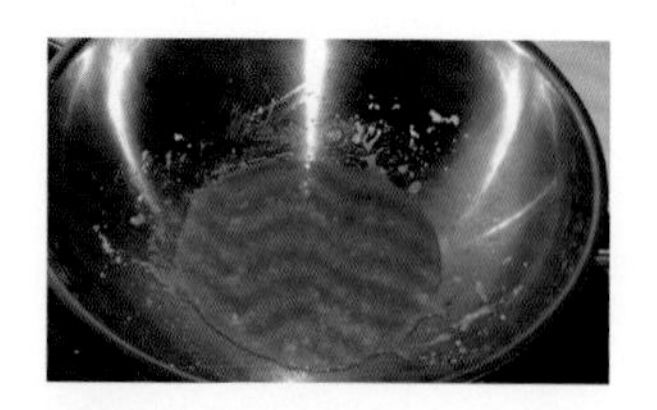

04

继续加热，当糖色越来越深、小颗粒也几乎全部化开时，转小火。

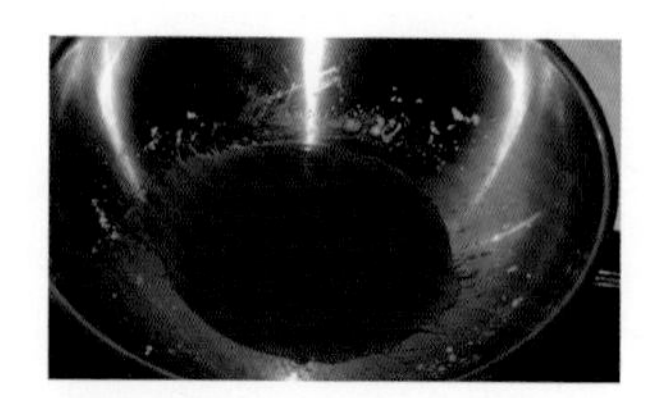

05

快速搅拌至糖完全化开并呈琥珀色，糖浆就熬好了。

06

立即倒入熟花生米，用木铲快速翻拌均匀，让糖浆均匀地裹在花生米上。

07

花生米铲出，放在案板上。

08

快速用菜刀的刀身将其压平，再用擀面杖擀成长方形。

09

待花生糖晾至和手的温度差不多时，用刀切成你喜欢的大小。

Tips

1. 刚擀好的花生糖比较烫，且糖浆未完全定形，这时切会粘刀。而完全晾凉的花生糖比较硬，切出的糖块不整齐，因此要等花生糖晾至和手温差不多时再切，待彻底晾凉后放入保鲜盒储存。
2. 切时可在案板和刀身上涂一层熬熟且没有明显味道的植物油，以起到防粘的作用。
3. 若不熟悉糖浆的熬制手法，可全程开小火慢慢熬。

黑糖话梅糖

原料

淡奶油 200 克、黑糖 100 克、水饴 33 克、话梅 20 克

做法

01

将除话梅外的原料全部倒入锅中，中火煮开后一直搅拌，以防煳底。

02

黑糖会逐渐化开，液体也会逐渐变浓稠。

03

加热至黑糖全部化开、液体冒出密集的泡泡时，转小火，继续加热并不停搅拌。

04

加热至液体十分浓稠，呈几乎无法流动的糊状时，加入切碎的话梅。

05

搅拌均匀后关火。

06

将糖糊快速倒入硅胶模中，晾至完全凝固后脱模。

1. 只要不煳锅，黑糖话梅糖的制作是不会失败的。糖糊熬煮的时间越短，口感越软，时间越长口感越硬。注意不要熬煮过头，否则会熬出淡奶油中的油脂，这样做出的话梅糖容易酥裂成小块，口感也会不好。
2. 想要检验糖糊是否熬煮到位，可用木铲铲起少许糖糊，如果糖糊滴落得很慢，并且不会立即和锅中的糖糊融合，而是先摊成一小堆才慢慢融入，说明熬煮到位了。
3. 尽量不要使用过甜过软的话梅，此处使用的是展翠九制梅肉。

Fall in Love

芒果巴旦木牛轧糖

原料

芒果口味棉花糖 80 克、奶粉 55 克、黄油 16 克、熟巴旦木 40 克、芒果干 25 克

做法

01
取一口不粘锅，放入黄油。

02
中小火加热至黄油熔化后倒入棉花糖，加热至棉花糖完全熔化。

03
倒入奶粉，快速搅拌至混合均匀。

04
倒入切碎的熟巴旦木和芒果干。

05
快速翻拌均匀后倒在油布上。

06
晾至不烫手时，用擀面杖擀成方形，等到晾凉定形后切块即可。

1. 如果制作的分量较多，可以倒入有一定深度的不粘烤盘中，切好后形状会更加方正，分量少时可直接用擀面杖擀开。
2. 加热熔化棉花糖时，如果有小颗粒，可以用耐高温刮刀按压开。

牛萨萨

原料

A：中筋面粉 110 克、鸡蛋 80 克

B：棉花糖 80 克、奶粉 60 克、黄油 16 克、黑加仑葡萄干 20 克

做法

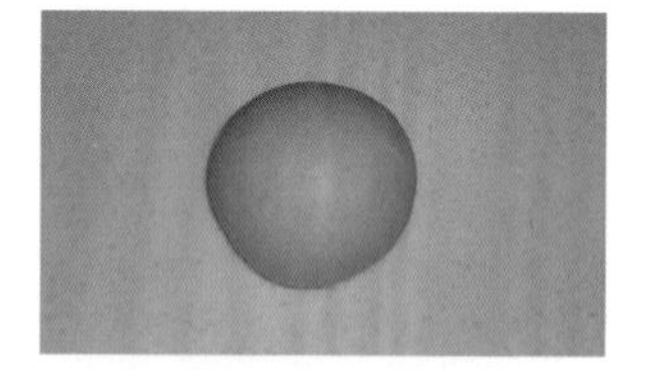

01

在面粉中间挖一个小坑，倒入打散的蛋液。用手和成光滑的面团，盖上保鲜膜饧约 15 分钟。

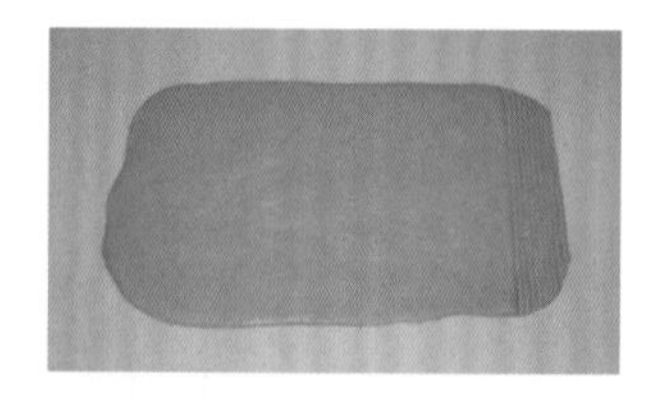

02

将饧好的面团擀成约 0.2 厘米厚的长方形面片，用锋利的刀切成细长的面条。

03

锅中倒入足量植物油，中火加热至油温适宜时将切好的面条分 3~4 次放入油锅。

04

炸至金黄后捞出，放在晾网上沥油，晾凉后用手掰成 5~6 厘米长的条。

05

不粘锅中放入黄油，开中小火加热至黄油全部熔化。

06

倒入棉花糖，继续加热，至棉花糖完全熔化。

07

倒入奶粉，快速搅拌均匀。

08

倒入 26 克面条和葡萄干，用硅胶刮刀翻拌均匀。

09

倒在硅胶垫上晾至不烫手时整成长方形，待晾凉后切块。

① 要用无夹心的棉花糖，白色或彩色的均可。

② 面团比较黏软，可用双手蘸少许植物油，揉至光滑。面团制作时的注意事项参见第 92 页“沙琪玛”，原料 A 可炸出约 190 克面条。

③ 判断油温的方法：放入一根面条试验一下，若面条立即浮起，表明油温合适。

④ 黄油和奶粉的用量可根据个人口味增减，黄油越多口感越软，奶粉越多，口感越硬。注意加入奶粉后，要离火快速搅拌，否则容易煳锅。

⑤ 步骤 08 中翻拌均匀后，可用油布包裹住揉几下，口感会更好。

雪媚娘

原料

A：糯米粉 50 克、鹰粟粉 15 克、细砂糖 26 克、纯牛奶 85 克

B：黄油 12 克、糯米粉 50 克

馅料：淡奶油 100 克、细砂糖 8 克、草莓适量

做法

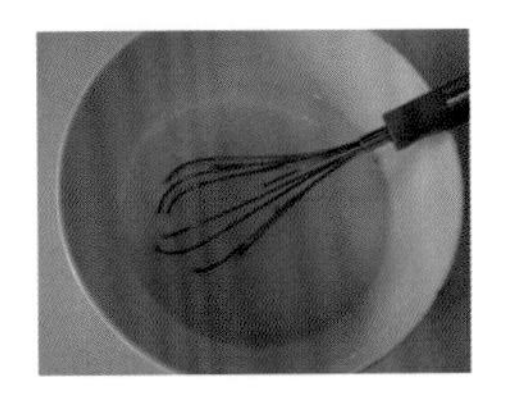

01
将原料A全部倒入碗中，用手动打蛋器搅打均匀。

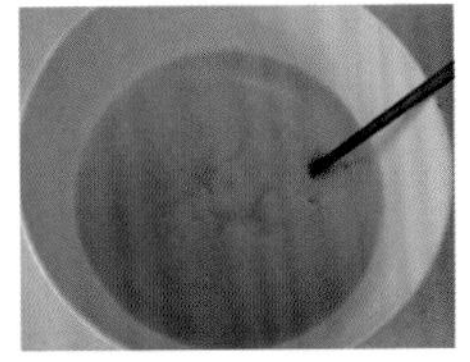

02
过滤一遍后倒回碗中，在碗口封一层耐高温保鲜膜，大火蒸至碗中液体凝固即可。

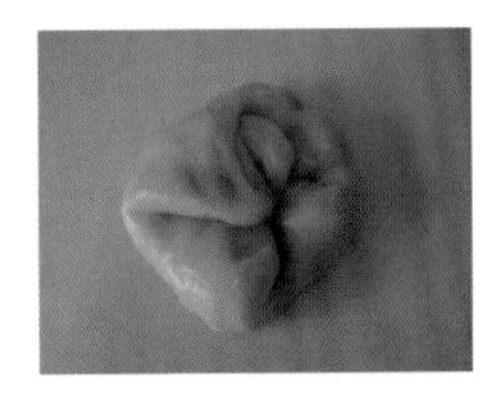

03
蒸好的牛奶糯米糕倒在台面上，加入切成小块的黄油，用余温熔化后，用手揉至黄油全部被吸收。

04
装入保鲜袋中，放入冰箱冷藏室内，冷藏至不黏手时取出。

05
取一口炒锅，放入50克糯米粉，小火不停翻炒至糯米粉微微发黄即可离火。

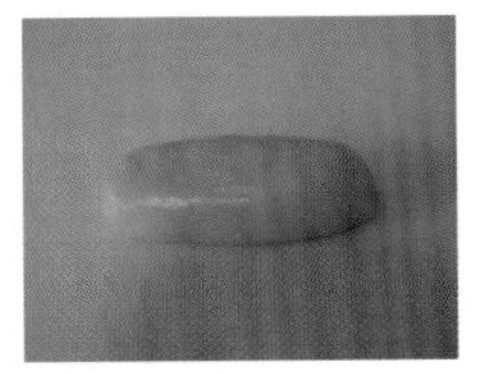

06
将冷藏至冰凉的牛奶糯米糕取出，用双手搓成长条。

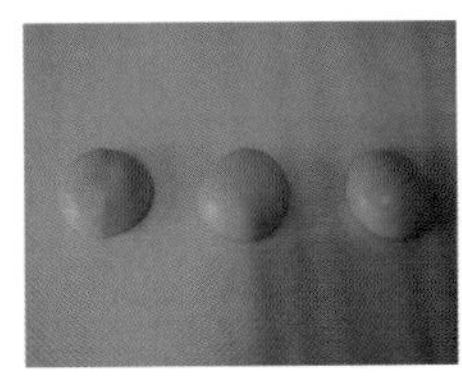

07
等分成6个剂子，然后搓圆。

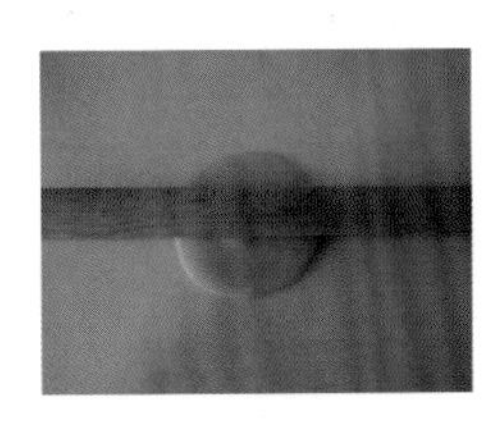

08
按扁后开始擀皮，擀的过程中可以加入少许熟糯米粉防粘。

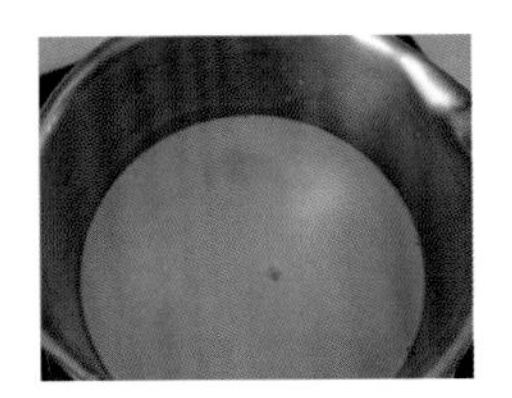

09
将至少冷藏了12小时的淡奶油倒入碗中，加入馅料中的糖。

10
用电动打蛋器中速打发至无法流动、膨松，且有明显的纹路。

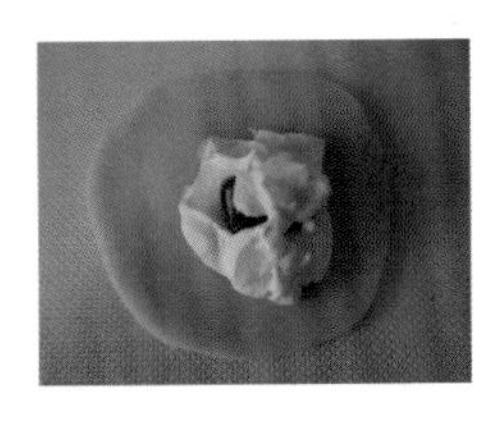

11
将打发好的淡奶油和草莓放在擀好的皮上。

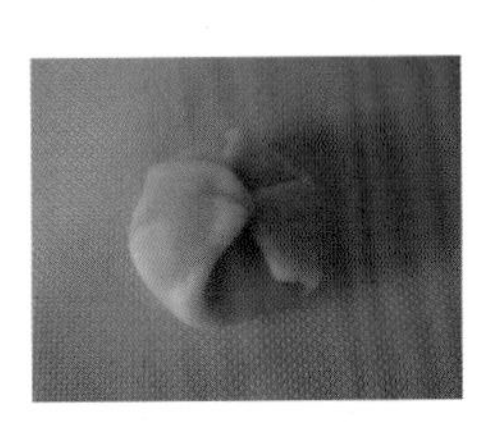

12
将皮叠搭包住馅料，雪媚娘就做好了。

1 如有雪媚娘模具，可将糯米皮放入模具中，再放入馅料，做出的成品外形更加圆润饱满。
2 将黄油揉进糯米糕时会有些烫手，可多戴几只一次性手套。
3 夏季打发淡奶油时可将碗放入冰水中，这样有助于打发。

Chapter 5
饼干膨化

香脆大米饼

原料

凉米饭 200 克、细砂糖 15 克、黄油 5 克

做法

01

凉米饭、细砂糖和室温下软化好的黄油一起放入碗中，用勺子拌匀。

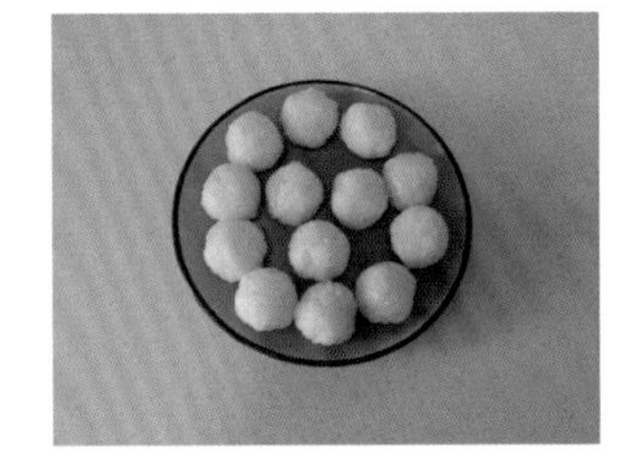

02

掌心蘸少许冷水，把拌匀的黄油米饭搓成约 15 克 / 个的饭团。

03

蛋卷模具放在炉灶上，开中火正反两面预热。

04

在预热好的模具中心放一个黄油饭团。

05

盖上盖子。因为饭团较硬，要迅速用擀面杖压紧靠近模具把手的位置，将饭团压扁。

06

两面各加热约 35 秒，至大米饼两面焦黄时关火取出。

1 大米和清水的比例为 1:1.5 时，可做出好吃的米饭。制作大米饼要用晾凉的米饭或隔夜饭，刚蒸好的米饭比较黏，不适合制作米饼。

2 搓黄油饭团时，戴上一次性手套或掌心蘸冷水可起到防粘的作用。

香酥薯片

原料

主料： 土豆 1 个
调料： 盐、鸡粉、辣椒粉、黑胡椒粉各 1 小撮
其他： 植物油 400 克

做法

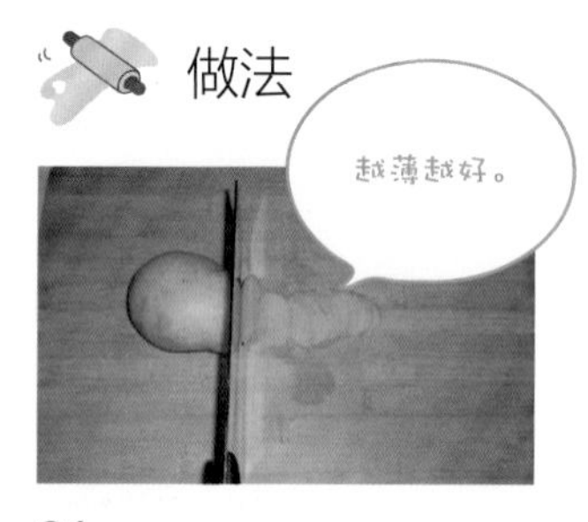

01
土豆洗净后削皮，切成薄片。

02
土豆片放入碗中，用水冲洗掉附着在上面的淀粉。

03
土豆片沥干水分，放入煮沸的水中。

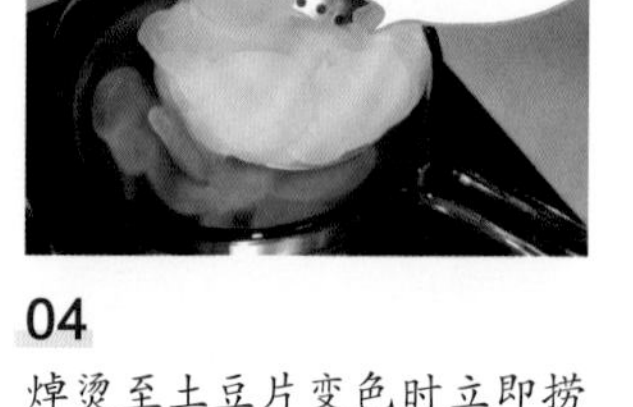

04
焯烫至土豆片变色时立即捞出，快速放入凉水中泡 15 秒。

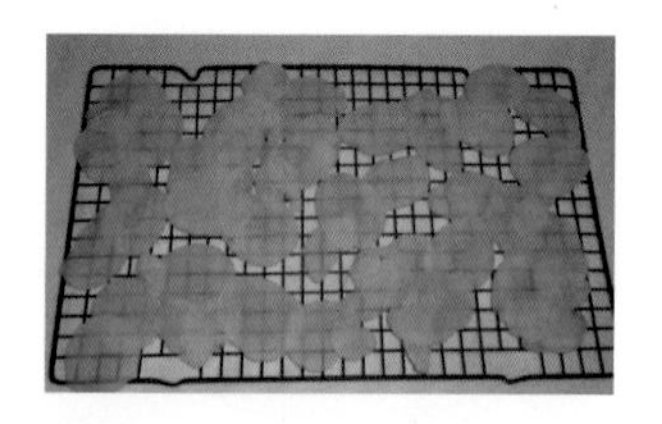

05
将土豆片捞出沥干水分，放在晾网上晾干。

06
锅中倒入 400 克植物油，中火加热至油温合适时放入土豆片。

07
炸至土豆片发黄，不再有油泡冒出时捞出。

08
放在厨房纸上吸去多余的油，撒上拌匀的调料即可。

Tips

① 香酥薯片制作的关键在于刀工，必须将土豆片切得非常薄，否则口感不酥脆。

② 洗去淀粉的土豆片一定要用开水焯烫一下，这样不仅可以去除土豆的生涩味，而且炸好后也会更加酥脆。

③ 放入一片土豆片后，若土豆片立即浮起，且旁边冒出很多油泡，表明油温适宜，可开始炸制。

④ 调料的用量可依据个人口味酌情增减，配方中的“1小撮”指的是用拇指和食指捏起的量。

甘梅薯条

原料

A：红薯 200 克、老渍号梅粉适量
B：普通面粉 22 克、玉米淀粉 22 克、泡打粉 0.8 克、水 45 克

做法

01
红薯洗净去皮，切成长约 6 厘米、粗约 1 厘米的长条，放入碗中，加水没过红薯条。

02
浸泡 10 分钟后倒入滤网。

03
将沥干水分的红薯条倒入事先混合均匀的原料 B 中。

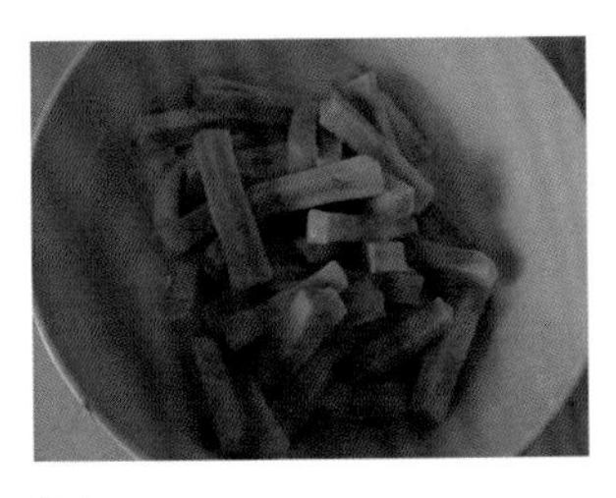

04
用筷子拌匀，让所有红薯条都均匀裹上一层面糊。

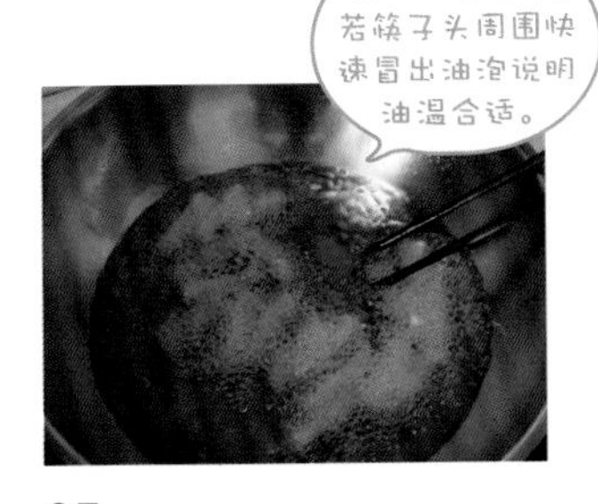

05
锅中倒油，开中火，油温合适时放入红薯条，炸至表皮变酥并呈金黄色时捞出，沥干油分撒上梅粉即可。

1 配方中使用的是中国台湾的老渍号梅粉，不能用超市出售的颗粒状酸梅粉替代，否则味道完全不同。
2 红心红薯炸出的薯条口感香甜，外酥内软，也可使用黄心红薯，成品口感会较为酥脆，可根据个人喜好选择。

夹心饼干

原料

A：低筋面粉 90 克、杏仁粉 10 克、细砂糖 25 克、无铝泡打粉 1 克、玉米油 26 克、全蛋液 33 克

B：葡萄干 96 克、水 60 克、白朗姆酒 10 克

C：全蛋液 12 克（用来刷在饼干表面）

做法

01

低筋面粉和杏仁粉过筛后加入细砂糖和无铝泡打粉。

02

混合均匀后倒入玉米油。

03

用手搓揉至玉米油全部被吸收后，加入 33 克全蛋液。

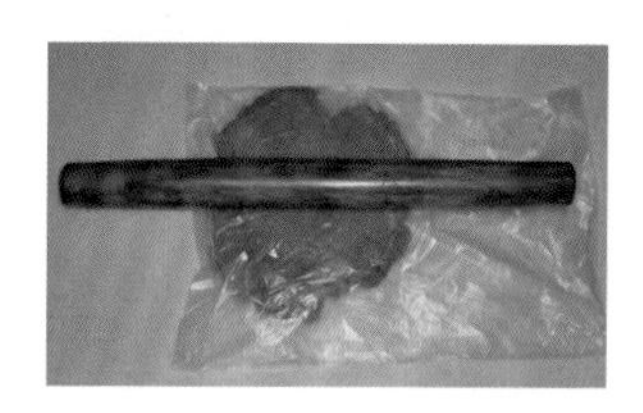

04

用手抓捏成团，放进小保鲜袋，擀成 0.5 厘米厚的面片，松弛 15 分钟。

05

将原料 B 全部倒入锅中，小火煮至汁液收干，晾凉备用。

06

把保鲜袋剪开并铺开，将晾凉的葡萄干平摊在右半边。

07

将面皮对折。

08

用擀面杖将里面的葡萄干擀匀。放入铺有油纸的烤盘中。

09

表面刷全蛋液，放入预热好的烤箱中层，160℃烤 30 分钟。

Tips

1 裹入葡萄干后的夹心面皮不宜擀得太薄，否则切开时容易碎裂。
2 葡萄干一定要加水煮过之后才能成为黏软的内馅，水量可酌情增减，只要能熬至汁液收干、葡萄干变软即可。如果葡萄干本身偏硬，可切碎后再煮。
3 刚出炉的饼干口感偏硬不建议立即食用，可晾凉放入保鲜袋中储存，第二天取出切块，饼干会变得外皮香酥、内馅黏软，口感最佳。

蛋黄小馒头

原料

蛋黄 26 克、细砂糖 26 克、无盐黄油 20 克、土豆淀粉 110 克、淡奶油 15 克

做法

01
蛋黄放入碗中，加入细砂糖，用筷子搅拌至糖完全溶化。

02
搅拌至蛋黄变得浓稠，搅拌时能看到明显的纹路即可。

03
加入室温下软化的黄油和淡奶油，用筷子大致搅拌一下，不均匀也没关系。

04
筛入土豆淀粉，用筷子大致拌匀。

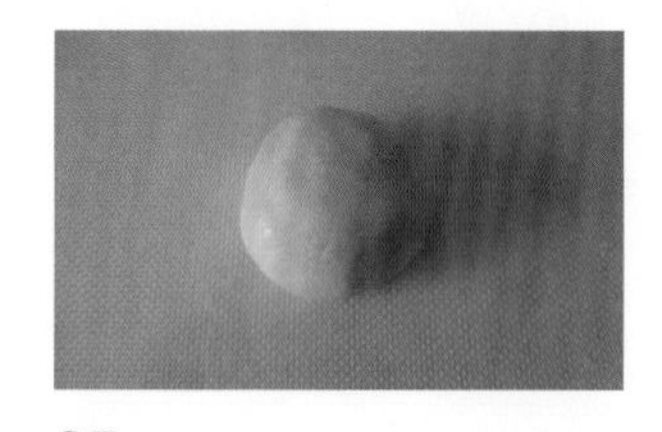

05
取出放在案板上，用手揉至没有干粉并且可成团即可。

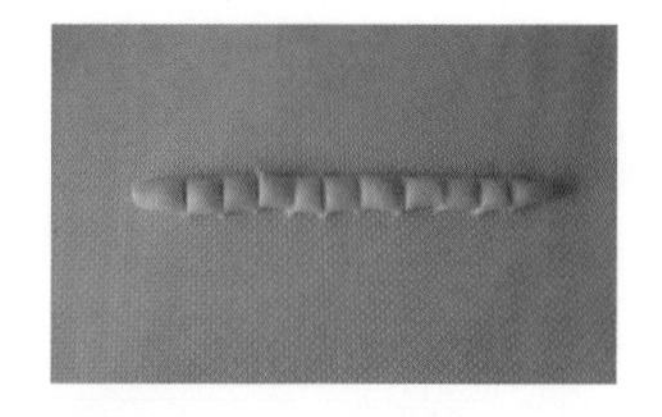

06
取一小块面团，搓成长条，切成小段。

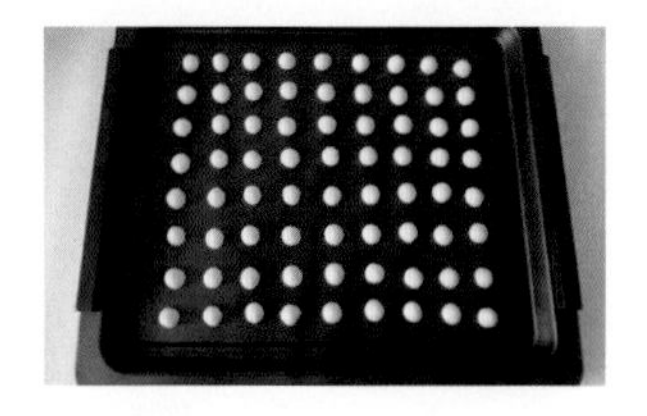

07
用掌心搓圆后放入烤盘中。

08
用小喷壶在表面喷一层水雾后，将烤盘放入预热好的烤箱中层，上下火 140℃烘烤约 18 分钟。

Tips

1. 烘烤时间要根据小馒头的大小酌情调整。
2. 全部用蛋黄，口感会比用全蛋液的更酥，淡奶油的用量可根据面团的状态酌情增减。
3. 小馒头烤好后掰开，若中间不是软的就表明烤好了，没烤熟的话，放回烤箱继续烤至熟透即可。

葱香桃酥

原料

中筋面粉 100 克、小苏打 1/4 小勺、无铝泡打粉 1/4 小勺、玉米油 50 克、蛋黄 14 克、细砂糖 40 克、盐 2 克、香葱碎 16 克

做法

01

面粉放入炒锅，小火不停翻炒至面粉微微发黄后离火，晾凉备用。

02

玉米油、蛋黄、糖和盐倒入碗中，用筷子或打蛋器朝一个方向搅拌至糖全部化开。

03

加入香葱碎，拌匀。

04

小苏打、无铝泡打粉和晾凉的面粉混合，筛入装有蛋黄的碗中。

05

用刮刀大致翻拌均匀。

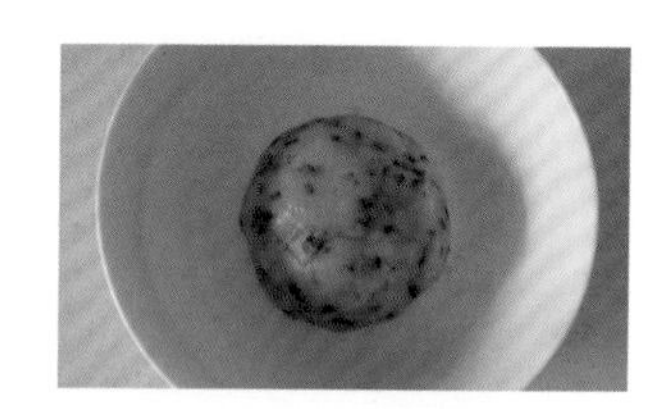

06

用手揉成无干粉的面团。

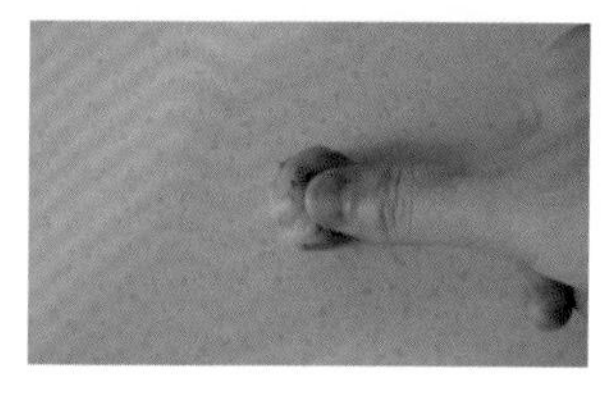

07

等分成 20 份，搓成球形后，用大拇指按压成饼状。

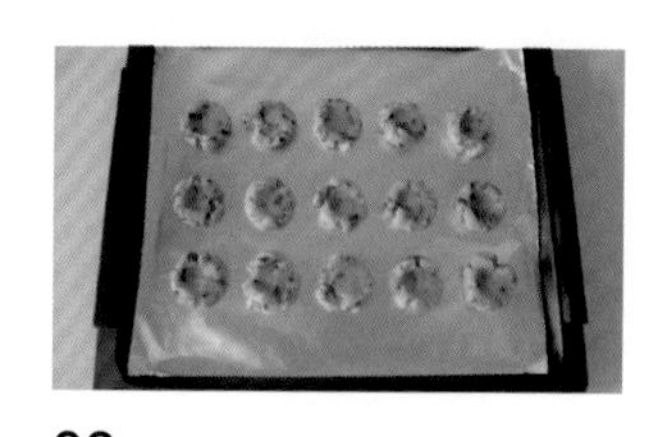

08

放入铺有锡纸的烤盘中。

09

将烤盘放入预热好的烤箱的中层，165℃，上下火烤约 20 分钟。

Tips

① 配方中的细砂糖可用等量自制糖粉替代，搅拌时会更快地化开。

② 将面粉炒至微黄，做出的桃酥口感比较酥松。

③ 香葱洗净后要晾干水分再切，否则会影响成品的口感。

黄油面包干

原料

A：面包 4 片
B：软化的黄油 22 克、细砂糖 15 克、蜂蜜 1 小勺、淡奶油 5 克

做法

01
将原料 B 全部倒入碗中，混合均匀后就是黄油蜂蜜酱。

02
面包片切成小块，放入烤盘。

03
放入预热好的烤箱中层，125℃，上下火，烘烤约 18 分钟，至干硬后取出。

04
在面包干表面均匀地涂抹一层黄油蜂蜜酱，放入烤箱中层，120℃，上下火，烘烤 16~18 分钟。

05
取出后翻面，再涂抹一层黄油蜂蜜酱。

06
继续烘烤 15 分钟，最后 5 分钟看一下上色情况，若上色过深可加盖一张锡纸。

每块面包干上涂抹的黄油蜂蜜酱的量，可根据个人口味增减。喜欢咸口的，可选择在两面涂抹第 153 页的“蒜香黄油酱”，烤好就是蒜香面包干。

巧克力软曲奇

原料

黄油 50 克、红糖 30 克、糖粉 30 克、鸡蛋 30 克、低筋面粉 110 克、无铝泡打粉 1 克、耐烤巧克力豆 60 克

做法

01

将室温下软化好的黄油放入一个大碗中，然后加入红糖和糖粉。

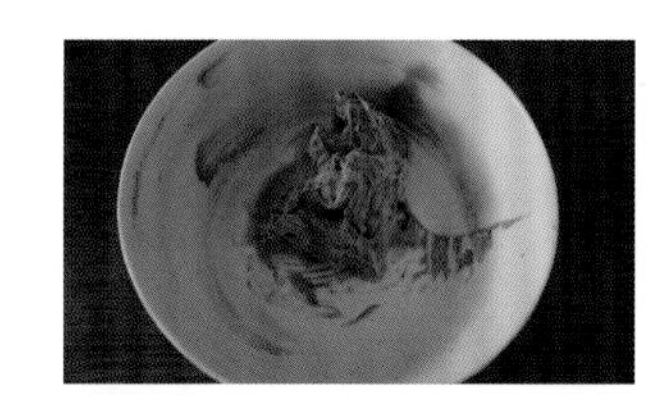

02

打发至颜色变浅、体积变大。

03

分 3 次加入蛋液，每次加入后，都要搅拌至蛋液和黄油完全融合后再加下一次。

04

将低筋面粉和泡打粉混合后筛入，用刮刀搅拌至看不到干粉。

05

加入巧克力豆，拌匀。

06

等分成 15 个剂子，搓成球形放入烤盘。

07

用手指按压成圆饼状，放入预热至 170℃的烤箱中层，上下火，烘烤 16~18 分钟。

1 要事先将红糖中的小颗粒拣出来，否则打发时无法完全融合。

2 要使用耐烤巧克力，如果是大块状的，要事先切碎，大小可根据个人喜好而定。

3 搓剂子时，如感觉黏手，可在掌心事先蘸少量水，以起到防粘的作用。

曲奇蛋挞

原料

蛋挞皮：黄油 50 克、糖粉 20 克、淡奶油 10 克、低筋面粉 80 克、杏仁粉 10 克
填充液：全蛋液 80 克、细砂糖 26 克、淡奶油 28 克、牛奶 100 克

做法

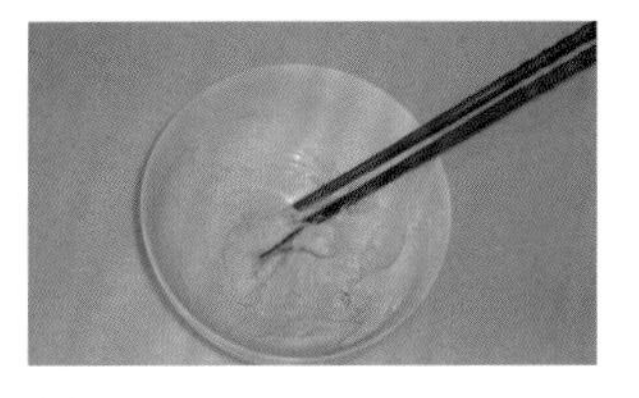

01

软化好的黄油中加入过筛的糖粉，顺时针搅拌至略微膨松并发白。

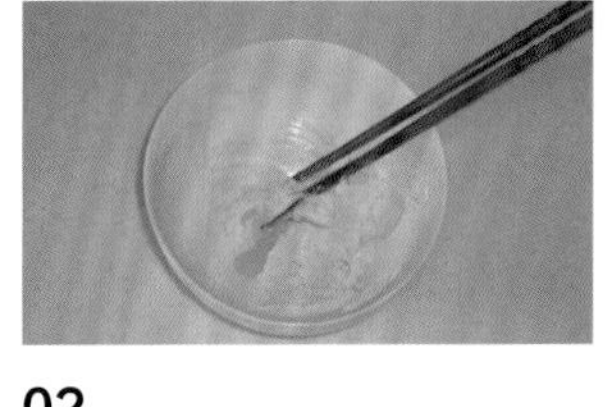

02

分2次加入淡奶油，要拌匀后再加下一次。

03

将混合均匀的低筋面粉和杏仁粉筛入碗中，用刮刀拌匀。

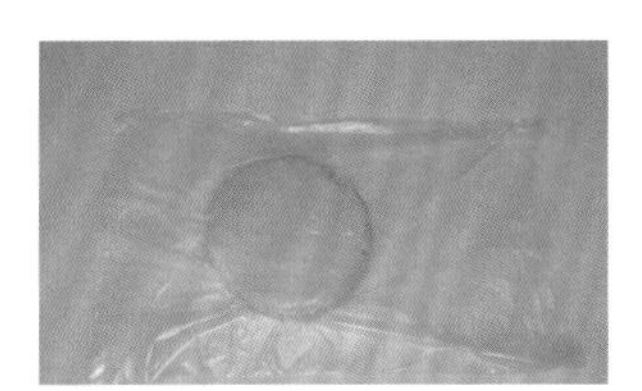

04

放入保鲜袋按扁，放入冰箱冷藏40分钟。

05

全蛋液和细砂糖搅打均匀，加入28克淡奶油和牛奶后搅匀，用滤网过滤两遍。

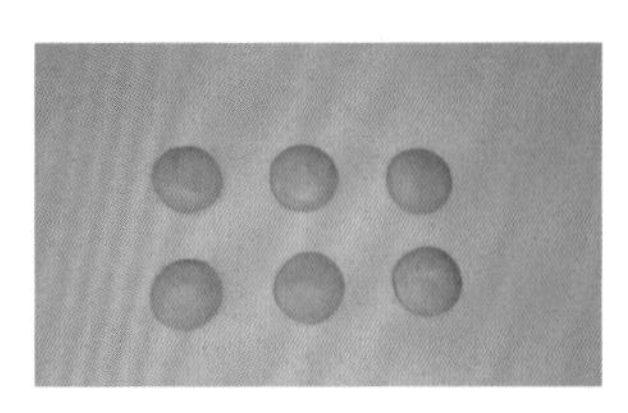

06

从冷藏室取出蛋挞皮，等分成8个，用手揉圆。

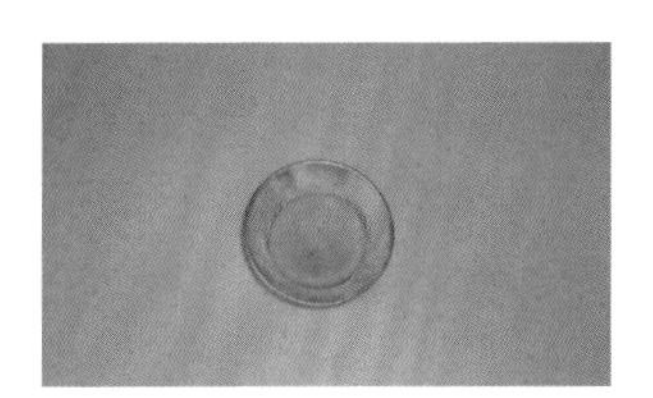

07

按扁，放入事先抹了油并撒了面粉的蛋挞模中。

08

用大拇指按着模子的形状旋转着捏好。

09

倒入填充液，至8分满。将烤盘放入预热至210℃的烤箱中层，烤至填充液凝固，挞皮边缘呈均匀的浅黄褐色时即可取出，用时16~18分钟。

1 将黄油切成小块放入碗中，在室温下软化到用手轻按会出现一个坑就说明软化好了。
2 因为原料的用量较少，在步骤01和02中，用筷子拌匀即可，比用打蛋器更方便。
3 杏仁粉要使用带有浓浓杏仁味的速溶杏仁粉，不要用颗粒状的。
4 蛋挞模内先抹少许黄油，再撒些高筋面粉，这样烤好后轻轻倒扣即可脱模。

香甜玉米脆片

原料

玉米片 100 克、玉米油 20 克、蜂蜜 5 克、糖粉 18 克

做法

01
将玉米片、玉米油和蜂蜜一起倒入碗中，拌匀。

02
倒入糖粉，拌匀，尽量让所有玉米片都均匀地裹上糖粉。

03
将处理好的玉米片，平铺在铺有锡纸的烤盘中，将烤盘放入预热好的烤箱中层，上下火 160℃，烘烤 12~15 分钟。

Tips

1 做好的玉米脆片可直接食用，也可加到牛奶或酸奶中，拌匀后食用。
2 将蜂蜜和糖粉，换成黑胡椒粉或孜然五香粉和少许盐，做成的就是咸味玉米片，可直接食用，也可加到沙拉中拌匀后食用。
3 刚烤好的玉米脆片会略微粘在一起，晾凉后口感就会变得酥脆。

蒜香烤馍片

原料

主料：馒头 2 个
蒜香黄油酱：蒜泥 12 克、黄油 30 克、盐 1/8 小勺

做法

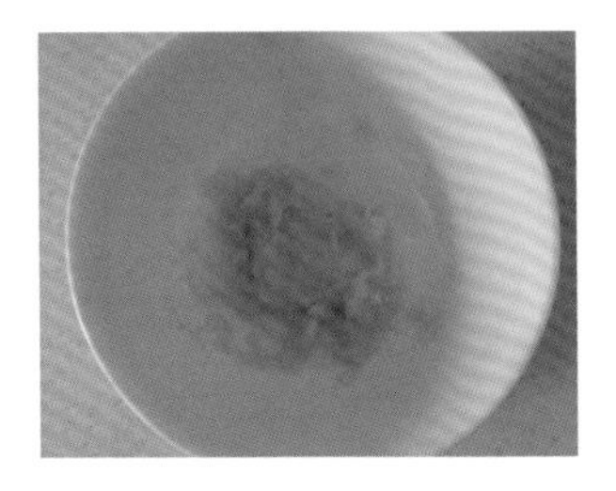

01
将剥皮切除硬蒂的蒜瓣和盐一起放入碗中，捣成细腻的蒜泥。

02
加入在室温下软化好的黄油，拌匀，蒜香黄油酱就做好了。

03
将馒头切成厚 1.5 厘米的片。

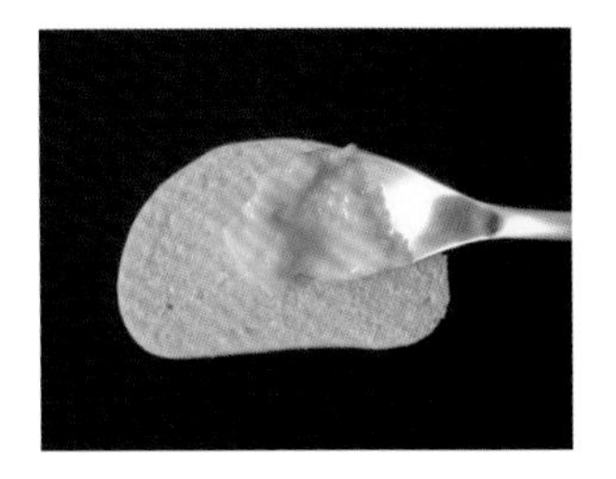

04
在馒头片表面均匀地涂抹上蒜香黄油酱，依次放入烤盘。

05
放入预热至 180℃的烤箱中层，上下火，烤 10~12 分钟。翻面，再次涂抹蒜香黄油酱，继续烤 10 分钟左右，至馒头片酥脆即可。

1 蒜香黄油酱的用量，可根据个人喜好和口味添加。
2 若烘烤过程中发现馍片上色过深，可加盖一张锡纸。
3 馍片刚烤好时口感最佳，建议烤好后不烫时立即食用。

小米锅巴

原料

主料：小米 100 克、水 150 克、玉米淀粉 16 克
调料：盐 1.5 克、五香粉 1/4 小勺、熟白芝麻 5 克

做法

01
小米淘洗干净，沥干水分后放入碗中，加入约 150 克清水，放入蒸锅，水开后，中火蒸约 30 分钟。

02
蒸好后搅散，加入淀粉，拌匀后将调料全部加进去拌匀。

03
倒在案板上，用手揉成团。

04
放入保鲜袋中，用擀面杖擀成厚约 0.01 厘米的薄片。用刀划开保鲜袋，切成如图中所示的菱形块。

05
锅中倒入植物油，开中火加热。放入一片锅巴，若锅巴立即浮起，且旁边冒出很多油泡，表明油温适宜，可以开始炸了。

06
炸至锅巴发黄，且不再有油泡冒出时捞出，放在厨房纸上吸去多余的油。

Tips

① 加入玉米淀粉可以使炸制物口感更酥松。

② 切好的锅巴要一片一片分开放入油锅中，否则会粘在一起。

③ 炸的时候不要用筷子，容易粘住，要用漏勺，等一片浮起来后再放入下一片，否则还没有定形的锅巴容易粘在一起。

④ 要擀得尽量薄一些（厚度约为 0.01 厘米），炸出的成品口感才够酥脆。

自制虾片

原料

主料：虾肉 100 克、开水 88 克

调料：虾油 25 克、木薯淀粉 85 克、盐 1 克、细砂糖 2 克、生抽 3 克、现磨白胡椒粉 1 小撮、辣椒粉 1 小撮

做法

01
虾洗净沥干，去头、剥壳，挑去虾线，放在案板上剁成细腻的虾肉泥。

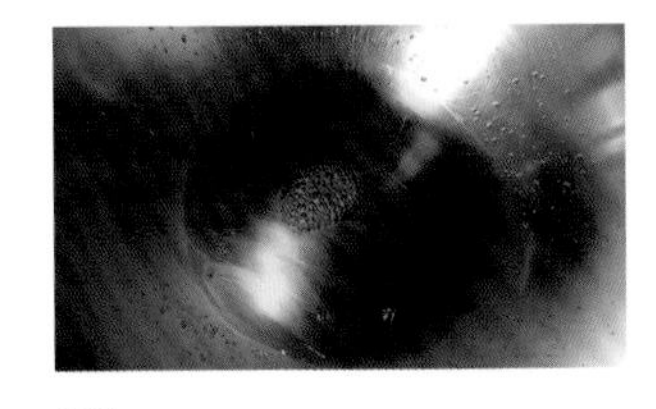

02
取一口炒锅，倒入适量的玉米油，放入沥干水分的虾头和虾壳，开小火慢熬，至油的颜色变红、虾壳变酥，虾油就熬好了。

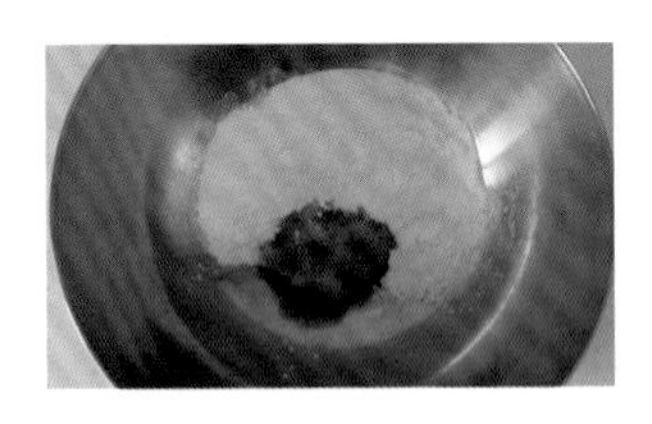

03
将虾肉泥和调料倒入盆中。

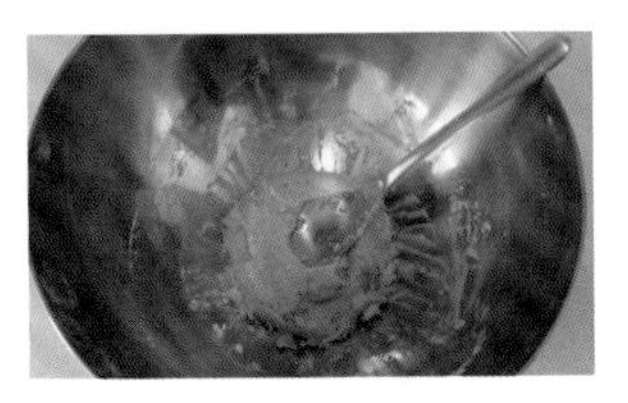

04
朝一个方向搅拌均匀。

05
倒入开水，一边倒一边搅拌，拌匀即可。

06
在预热好的模具中心放一小勺调好味的虾肉泥。

07
盖上盖子，迅速用擀面杖压紧模具，将虾肉泥压扁，这样烤出来的虾片厚薄才是均匀的。

08
烤至虾片变脆、色泽发黄即可取出，放在晾网上，晾凉即可食用。

焦糖爆米花

原料

珍珠玉米粒 80 克、黄油 8 克、细砂糖 80 克

做法

01

取一口带盖且保温性能好的锅，中小火加热至锅身有点儿烫手时，将玉米粒倒入锅中，让其平铺于锅底。

02

用木铲不停地搅拌，使玉米粒均匀受热。

03

开始有玉米粒爆裂成爆米花时，盖上锅盖。转小火继续加热，每隔 1 分钟端起锅摇晃一下。

04

当锅内声音越来越小、噼啪声逐渐消失时关火。待噼啪声完全消失再揭开锅盖。

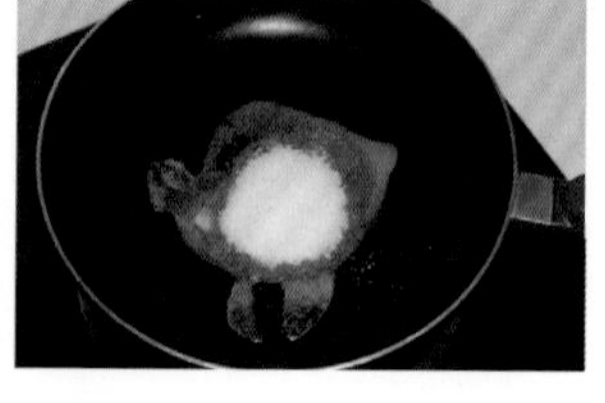

05

黄油放入不粘锅，中小火加热至熔化后，倒入细砂糖。

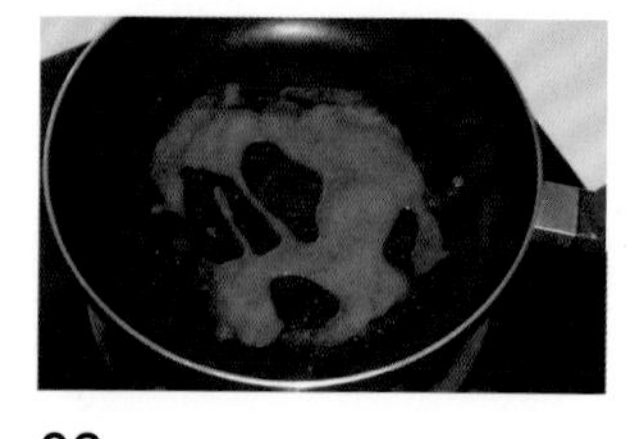

06

朝一个方向不停地搅拌，直至糖熔化、混合物颜色变深。

07

加热至糖液呈焦糖色时关火。

08

迅速倒入步骤 04 中做好的爆米花。

09

用木铲快速拌匀，晾凉后掰开即可食用。

Tips

1. 在家制作爆米花要选专用的珍珠玉米粒，普通玉米粒在高温高压的状态下才能爆裂，珍珠玉米粒在常压下加热即可爆裂。没用完的珍珠玉米粒需密封保存，以防受潮。
2. 食材的用量可以根据自家状况调整，一般来说，玉米粒的用量以能在锅底铺满一层为宜，宜少不宜多。珍珠玉米粒、黄油和细砂糖的比例应该为 10∶1∶10。
3. 熬糖液时，最好使用不粘锅，这样有助于每粒爆米花都均匀地裹上糖液。

Chapter 6
豆干素食

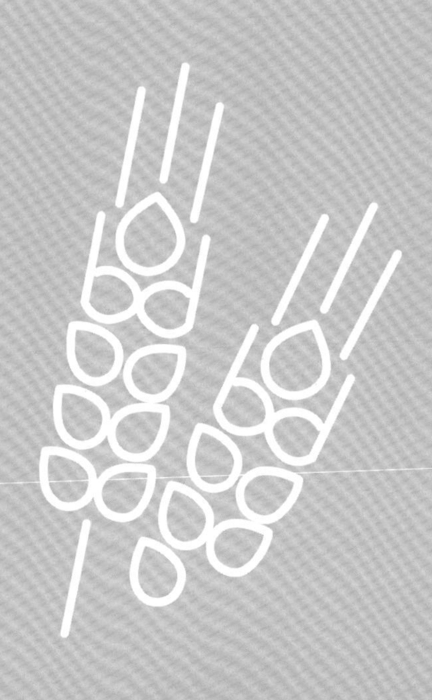

辣条

原料

主料：干腐竹 50 克

调料 A：紫洋葱 5 克、蒜 3 克、姜 1 克、辣椒 1 根、玉米油 8 克

调料 B：细砂糖 6 克、黄豆酱油 5 克、蚝油 5 克、五香粉 0.5 克、水 150 克

调料 C：紫洋葱 5 克、油 5 克、郫县豆瓣酱 6 克

做法

01

腐竹洗净，掰成长约 8 厘米的段，放入碗中，加水没过腐竹。

02

浸泡 12~24 小时，至腐竹完全泡发、没有硬芯后，用手把腐竹纵向撕成宽约 0.6 厘米的条。

03

将调料 A 全部倒入锅中，开小火煸香。

04

将事先混合均匀的调料 B 倒入锅中。

05

煮开后，加入处理好的腐竹长条，转中小火，直至将汤汁收干。

06

另取一口平底锅，放入调料 C，小火煸香后，加入腐竹条，不停翻炒至汁液收干后辣条就做好了。

刚做好的辣条偏软，可晾一晚再食用，口感更佳。

美味卤豆干

原料

主料: 北豆腐 250 克
卤水 A: 八角 2 克、香叶 1 克、甘草 2 克、山柰 2 克、桂皮 2 克、草果 3 克、辣椒 2 根
卤水 B: 水 600 克、冰糖 28 克、盐 12 克、酱油 52 克、老抽 1/4 小勺
卤水 C: 葱 2 段、姜 2 片、料酒 12 克

做法

01

将豆腐切成长和宽均为 3 厘米、厚度为 0.8 厘米的块。

02

取一块足够大的纱布，将切好的豆腐块如图所示摆放在纱布上，再将剩余的纱布对折，完全覆盖住豆腐块即可。

03

在纱布上放一个平底烤盘，再在烤盘上放一盆水。

04

取一口平底不粘锅，用毛刷刷上薄薄的一层玉米油，烧热后将豆腐干放入锅中。

05

小火煎至两面发黄后取出。

06

将卤水原料 A 放入纱布口袋中系好，和卤水原料 B、卤水原料 C 一起放入锅中。

07

盖上盖子，中大火煮开后，转小火，继续煮 20 分钟后关火。

08

将煮好的卤汁和煎好的豆腐干一起倒入碗中，浸泡至入味即可。

Tips

1. 第 03 步放重物是为了将豆腐块内的水分压出，而纱布可以吸收压出的水分。豆腐块中没有明显的水分，且压紧实后就是豆腐干。
2. 用第 46 页“奇香鸭脖”中卤完鸭脖的卤汁来浸泡豆腐干，味道会更佳。

香酥紫菜

原料

紫菜15克、芝麻油9克、熟白芝麻2小勺、盐1克

做法

01 将紫菜撕成长条，放入锅中，倒入芝麻油和盐，用筷子拌匀，中小火不停翻炒。

02 当听到沙沙的声音时，撒入白芝麻，拌匀，关火，用锅的余温继续加热，待尝起来口感香脆时即可盛出。

① 将紫菜撕得薄一些、小一些，这样炒的时候受热会更均匀。

② 我们平时吃的紫菜主要有两种，北方的大多是条斑紫菜，南方的大部分是坛紫菜，海苔就是用条斑紫菜加工成的。

③ 白芝麻最后起锅时放入即可，放得太早容易煳。